高等职业教育"十三五"规划教材（计算机类）

Linux 网络管理

主　编　谭营军　王爱强

副主编　吕超男　李　明

参　编　郑宝林

机械工业出版社

本书以项目为载体,采用"教、学、做一体化"的教学模式,以真实的企业网络管理为场景,设计了 Linux 操作系统的配置与管理、网络服务的配置与管理、网络安全的配置与管理三大教学模块,并将这三大教学模块设计成 12 个教学情境单元,每个单元又包括学习目标、情境设置、工作任务和单元实训 4 个环节,通过情境描述引出单元的教学核心内容、明确教学任务,并借助精心设计的虚拟化实训平台和实训项目开展教学活动,逼真地模拟企业真实的网络运行环境,使每个学生均可扮演企业网络管理员的角色,快速、方便地练习 Linux 网络服务配置与管理的技能。

本书结构合理、内容丰富、实用性强,可作为高职院校电子信息类专业 Linux 操作系统应用和服务管理课程的教材,也可作为 Linux 操作系统和服务管理初学者的参考书。

为方便教学,本书配备电子课件等教学资源。凡选用本书作为教材的教师均可登录机械工业出版社教育服务网 www.cmpedu.com 免费下载。如有问题请致信 cmpgaozhi@sina.com,或致电 010-88379375 联系营销人员。

图书在版编目(CIP)数据

Linux 网络管理 / 谭营军,王爱强主编. —北京:
机械工业出版社,2017.4
高等职业教育"十三五"规划教材·计算机类
ISBN 978-7-111-56378-5

Ⅰ.①L… Ⅱ.①谭… ②王… Ⅲ.①Linux 操作系统-
高等职业教育-教材 Ⅳ.①TP316.89

中国版本图书馆 CIP 数据核字(2017)第 059499 号

机械工业出版社(北京市百万庄大街 22 号 邮政编码 100037)
策划编辑:刘子峰   责任编辑:刘子峰
责任校对:刘 岚   封面设计:陈 沛
责任印制:李 飞
北京汇林印务有限公司印刷
2017 年 5 月第 1 版·第 1 次印刷
184mm×260mm·11.5 印张·289 千字
0 001-3 000 册
标准书号:ISBN 978-7-111-56378-5
定价:27.00 元

前　　言

随着我国将信息安全的重要性提升到前所未有的高度，Linux 系统和 Linux 服务器获得了巨大的发展机遇，培养大批熟练掌握 Linux 服务器管理的高端技能型人才是当前信息化社会发展的迫切需要。"Linux 网络管理"是一门实践性非常强的课程，要想熟练掌握则必须在学习一定理论知识的基础上，以实际项目为依托进行训练，做到理论与实践相结合，方能取得理想的学习效果。

本书是结合"计算机网络技术"省级特色专业建设项目、河南省职业教育特色院校建设项目的要求所申请的教材建设项目，编者长期从事计算机网络技术专业的教学工作，在进行深度校企合作和教学改革实践的基础上，作为项目研究成果，旨在推出一本能体现网络技术技能型人才培养目标与特色的项目化教材。本书在编写过程中，摒弃了枯燥的理论讲述，采用项目任务式架构呈现课程内容。在内容和形式上，力求学以致用、简繁适度、突出重点。

本书设计了 Linux 操作系统的配置与管理、网络服务的配置与管理、网络安全的配置与管理三大教学模块，并将这三大教学模块设计成 12 个教学情境单元，主要内容包括安装 Linux 操作系统、Linux 基本操作、管理文件和目录、管理用户组和权限、配置网络基本参数、配置与管理 DHCP 服务器、配置与管理 DNS 服务器、配置与管理 Web 服务器、配置与管理 Samba 服务器、配置与管理 FTP 服务器、配置防火墙以及 Linux 服务器安全。

本书在编写中，通过情境描述引出各单元的教学核心内容并明确教学任务，再借助精心设计的虚拟化实训平台和实训项目开展教学活动，逼真地模拟企业真实的网络运行环境，使每个学生均可扮演企业网络管理员的角色，快速、方便地练习 Linux 网络服务配置与管理的相关技能。

本书由河南职业技术学院的谭营军和王爱强担任主编，负责策划与组织编写；吕超男、李明担任副主编，郑宝林参加编写。其中，单元 1 和单元 2 由谭营军编写；单元 3 ~ 单元 5 由李明编写；单元 6 和单元 7 由吕超男编写；单元 8 和单元 9 由郑宝林编写；单元 10 ~ 单元 12 由王爱强编写。

由于编者水平有限，书中难免有错误和不妥之处，欢迎广大读者批评指正。

编　者

目　录

单元 1　安装 Linux 操作系统

学习目标 ◎

1）了解 Linux 系统的历史及特点。
2）了解 Linux 的各种版本。
3）掌握如何搭建 VMware 环境。
4）掌握如何安装 Linux 系统。

情境设置 ◎

【情境描述】

小明是一位刚入职的计算机专业毕业生，现在公司给他一项任务，让他建立一个部门网站，要求使用 Linux 系统、LAMP 环境及 EMS 开源站点，在 Linux 平台中建立该部门的 Samba 等服务，并在 Linux 系统中针对这些服务建立安全配置。小明因为对 Linux 不了解，为了完成公司指派的任务，他开始认真钻研相关技术，并制定了相关学习目标。下面就跟随小明一起来完成这些任务。

首先要做的是安装 Linux 系统，因此需要有相关的知识储备，下面就从认识 Linux 开始。

【问题提出】

1）如何在计算机中安装 Linux 系统？
2）安装 Linux 系统都需要哪些步骤？

工作任务 ◎

工作任务 1　初识 Linux

【任务描述】

为了搭建 Linux 系统，必须要掌握安装 Linux 所需要的环境。VMware 是一种可以虚拟化建立 Linux 系统的软件。

【知识准备】

1. Linux 的起源与发展

Linux 是一种能运行于多种平台、源代码公开、免费、功能强大、遵守 POSIX（可移植操作系统接口）标准、与 UNIX 兼容的操作系统。Linux 从 20 世纪中期一直发展到现在，如今更是突飞猛进，给全球的软件业带来新的机遇，也使微软的 Windows 操作系统面临有史以来最大的威胁。由于 Linux 属于自由软件，它的源代码是公开的，并遵循公共版权许可证（GPL），用户可以免费使用，使其在极短的时间内就成为一套成熟而稳定的操作系统。全世界成千上万的程序专家和 Linux 爱好者正在通过 Internet 不断地对 Linux 进行开发、完善和维护。

（1）Linux 的发音和标志

Linux 的中文发音为"利尼克斯"，其标志是一只可爱的企鹅，取自芬兰的吉祥物，如图 1-1 所示。

（2）Linux 的发布

1991 年 10 月，Linux 的第一个公开版本 Linux 0. 02 发布。

1994 年 3 月，Linux 1. 0 发布。

1999 年，Linux 2. 2 发布，同时 GNOME 1. 0 发布。

图 1-1　Linux 的标志

同年，支持 Linux 2. 2 的 RedHat 6. 0 发布；IBM 推出全面支持 Linux 计划；HP 也宣布支持 Linux。此后至 2003 年，各种 Linux 版本不断发布，在市场上的影响巨大。

（3）Linux 的内核

Linux 最初版本是由 Linus Benedict Torvalds 编写的。为了能够使 Linux 更加完善，Torvalds 在网络上公开了 Linux 的源码，邀请全世界的志愿者来参与 Linux 的开发。在众人的帮助下，Linux 得到了不断完善，并在短时期内迅速崛起。

Linux 内核由 5 个主要的子系统组成，分别是进程调度（SCHED）、内存管理（MM）、虚拟文件系统（VFS）、网络接口（NET）和进程间通信（IPC）。图 1-2 显示了这 5 个子系统之间的关系。

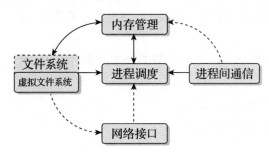

图 1-2　Linux 内核的主要子系统

各个子系统之间的依赖关系如下。

1）进程调度与内存管理之间的关系：这两个子系统互相依赖，在多道程序环境下，程序要运行必须为之创建进程，而创建进程的第一件事，就是要将程序和数据读入内存。

2）进程间通信与内存管理之间的关系：进程间通信子系统要依赖内存管理支持共享内存通信机制，这种机制允许两个进程除了拥有自己的私有内存，还可存取共同的内存区域。

3）虚拟文件系统与网络接口之间的关系：虚拟文件系统利用网络接口支持网络文件系统（NFS），也利用内存管理支持 RAMDisk 设备。

4）内存管理与虚拟文件系统之间的关系：内存管理利用虚拟文件系统支持交换，交换进程定期地由调度程序调度，这也是内存管理依赖于进程调度的唯一原因。当一个进程存取的内存映射被换出时，内存管理向文件系统发出请求，同时，挂起当前正在运行的进程。在这些子系统中，进程调度子系统是其他子系统得以顺利工作的关键，因为每个子系统都需要挂起或恢复进程。

2. Linux 的特点

Linux 之所以能在嵌入式系统领域取得如此辉煌的成绩，与其自身的优良特性是分不开的。与其他操作系统相比，Linux 具有以下一系列显著的特点：

1）模块化程度高。前面介绍过，Linux 的内核设计非常精巧，分成进程调度、内存管理、虚拟文件系统、网络接口和进程间通信 5 个部分。其独特的模块机制可根据用户的需要，实时地将某些模块插入或从内核中移走，使得 Linux 系统内核可以裁剪得非常小巧，很适合于嵌入式系统的需要。

2）源代码公开。由于 Linux 系统的开发从一开始就与 GNU 项目紧密地结合起来，所以它的大多数组成部分都直接来自 GNU 项目。任何人、任何组织只要遵守 GPL 条款，就可以自由使用 Linux 源代码，为用户提供了最大限度的自由度。这一点也正与嵌入式系统的特点相符，因为嵌入式系统应用千差万别，设计者往往需要针对具体的应用对源代码进行修改和优化，所以是否能获得源代码对于嵌入式系统的开发是至关重要的。加之 Linux 的软件资源十分丰富，每种通用程序在 Linux 上几乎都可以找到，并且数量还在不断增加，这一切就使设计者在其基础之上进行二次开发变得非常容易。另外，由于 Linux 源代码公开，也使用户不用担心有"后门"等安全隐患。同时，源代码开放给各教育机构提供极大的方便，从而也促进了 Linux 的学习、推广和应用。

3）广泛的硬件支持。Linux 能支持 x86、ARM、MIPS、ALPHA 和 PowerPC 等多种体系结构的微处理器，目前已成功地移植到数十种硬件平台，几乎能运行在所有流行的处理器上。由于世界范围内有众多开发者在为 Linux 的扩充贡献力量，所以 Linux 有着异常丰富的驱动程序资源，支持各种主流硬件设备和最新的硬件技术，甚至可在没有内存管理单元（MMU）的处理器上运行，这些都进一步促进了 Linux 在嵌入式系统中的应用。

4）安全性及可靠性好，内核高效稳定。Linux 内核的高效和稳定已在各个领域内得到了大量事实的验证。Linux 中大量网络管理、网络服务等方面的功能，可使用户很方便地建立高效稳定的防火墙、路由器、工作站、服务器等。为提高安全性，它还提供了大量的网络管理软件、网络分析软件和网络安全软件等。

5）具有优秀的开发工具。开发嵌入式系统的关键是需要有一套完善的开发和调试工具。传统的嵌入式开发调试工具是在线仿真器（In Circuit Emulator，ICE），它通过取代目标板的微处理器，给目标程序提供一个完整的仿真环境，从而使开发者能非常清楚地了解到程序在目标板上的工作状态，便于监视和调试程序。在线仿真器的价格非常高，而且只适合做非常底层的调试。而如果使用的是嵌入式 Linux，一旦软硬件能支持正常的串口功能，即使不用在线仿真器，也可以很好地进行开发和调试工作，从而节省了一笔不小的开发费用。嵌入式 Linux 为开发者提供了一套完整的工具链（Tool Chain），能够很方便地实现从操作系统到应用软件各个级别的调试。

6）有很好的网络及文件系统支持。Linux 从诞生之日起就与 Internet 密不可分，支持各种标准的 Internet 网络协议，并且很容易移植到嵌入式系统当中。目前，Linux 几乎支持所有主流的网络硬件、网络协议和文件系统，因此它是 NFS 的一个很好的平台。另一方面，由于 Linux 有很好的文件系统支持（如 Ext2、FAT32、ROMFS 等），是数据备份、同步和复制的良好平台，这些都为开发嵌入式系统应用打下了坚实的基础。

7）与 UNIX 完全兼容。目前，在 Linux 中所包含的工具和实用程序，可以完成 UNIX 的所有主要功能。但由于 Linux 不是为实时而设计的，因而这就成了 Linux 在实时系统中应用的最大遗憾。不过，目前有众多的自由软件爱好者正在为此进行不懈的努力，也取得了诸多成果，主要总结为以下几个方面：

①开放性。系统遵循业界标准规范，特别是遵循开放式系统互连（OSI）国际标准。

②多用户。系统资源可以被不同用户使用，每个用户对自己的资源（如文件、设备等）有特定的权限，互不影响。

③多任务。计算机可同时执行多个程序，而且各个程序的运行相互独立。

④良好的用户界面。Linux 向用户提供了两种界面：用户界面和系统调用。Linux 还为用户提供了图形用户界面，即利用鼠标、菜单、窗口、滚动条等设施，给用户呈现一个直观、易操作、交互性强的友好的图形化界面。

⑤设备独立性。即操作系统把所有外部设备统一当作文件来看待，只要安装它们的驱动程序，任何用户都可以像使用文件一样，操纵、使用这些设备，而不必知道它们的具体存在形式。Linux 是具有设备独立性的操作系统，它的内核具有高度适应能力。

⑥丰富的网络功能。完善的内置网络是 Linux 的一大特点。

⑦可靠的安全系统。Linux 采取了许多安全技术措施，包括读/写控制、带保护的子系统、审计跟踪、核心授权等，这为网络多用户环境中的用户提供了必要的安全保障。

⑧良好的可移植性。即将操作系统从一个平台转移到另一个平台后，仍然能按照自身的方式运行的能力。Linux 是一种可移植的操作系统，能够在从微型计算机到大型计算机的任何环境中和任何平台上运行。

3. Linux 的发行版本

Linux 的发行版本大体可以分为两类：一类是商业公司维护的发行版本，另一类是社区组织维护的发行版本。前者以著名的 RedHat（RHEL）为代表，后者以 Debian 为代表。下面介绍一下各个发行版本的特点。

（1）RedHat Linux

RedHat Linux 是最著名的 Linux 版本，已经创造了自己的品牌，并被越来越多的人所接受。RedHat（红帽）公司创建于 1994 年，当时聘用了全世界 500 多名员工，他们都致力于开放的源代码体系。RedHat Linux 能向用户提供一套完整的服务，这使得它特别适合在公共网络中使用。这个版本的 Linux 也使用最新的内核，还拥有大多数人都需要使用的主体软件包。RedHat Linux 的安装过程也十分简单明了，它的图形安装过程提供简易设置服务器的全部信息，磁盘分区过程可以自动完成，还可以选择 GUI 工具完成，即使对于 Linux 新手来说这些都非常简单。选择软件包的过程也与其他版本类似，用户可以选择软件包种类或特殊的软件包。系统运行后，用户可以从 Web 站点和 RedHat 那里得到充分的技术支持。它是一个符合大众需求的最优版本，在服务器和桌面系统中都工作得很好。RedHat Linux 的唯一缺陷是带有一些不标准的内核补丁，这使得它难于按用户的需求进行定制。RedHat 通过论坛和邮件列表提供广泛的技术支持，它还有自己公司的电话技术支持，后者对要求更高技术支持水平的集团客户更有吸引力。

RedHat Linux 包括 RHEL（RedHat Enterprise Linux，收费版本）、Fedora Core（由原来的 RedHat 桌面版本发展而来，免费版本）、CentOS（RHEL 的社区克隆版本，免费）等一系列产品，应该说是在国内使用人群最多的 Linux 版本，甚至有人将 RedHat 就等同于 Linux，而有些老用户更是只用这一个版本的 Linux。所以这个版本的特点就是使用人群数量大、资料非常多，而且网上的一般 Linux 教程都是以 RedHat 系列为例来讲解的。RedHat 系列的包管理方式采用的是基于 rpm 包的 yum 命令管理方式，包分发方式是编译好的二进制文件。在稳定性方面，RHEL 和 CentOS 的稳定性非常好，适合于服务器使用，但是 Fedora Core 的稳定性较差，最好只用于桌面应用。

RHEL 是第一款面向商业市场的 Linux 发行版。它有服务器版本，支持众多处理器架构，包括 x86 和 x64。RedHat 公司通过 RedHat 认证系统管理员/RedHat 认证工程师（RHCSA/RHCE）对系统管理员进行培训和认证。就全球市场而言，其总利润中 80% 来自支持，另外 20% 来自培训和认证。

Fedora 是个平台，而不是开发新产品或新应用程序的测试环境；一旦成为稳定版，就与 RHEL 捆绑在一起，包括支持。RedHat 提供了非常多的稳定版应用程序，但是众所周知的缺点是，把太多旧程序包一起打包，支持成本确实相当高。不过，如果安全是用户关注的首要问题，那么 RHEL 的确是款完美的发行版，也是系统管理员的第一选择。

（2）CentOS

CentOS（Community Enterprise Operating System）是 Linux 发行版之一，它是来自于 RedHat Enterprise Linux 依照开放源代码规定释出的源代码所编译而成。由于出自同样的源代码，因此有些要求高度稳定性的服务器以 CentOS 替代 RedHat Enterprise Linux 使用。两者的不同之处在于 CentOS 并不包含封闭源代码软件。

CentOS 是一款企业级 Linux 发行版，它使用 RHEL 中的免费源代码重新构建而成。这款重构版完全去掉了注册商标以及 Binary 程序包方面一个非常细微的变化。有些人不想支付一大笔钱，又想领略 RHEL，则 CentOS 对他们来说值得一试。此外，CentOS 的外观和行为似乎与母发行版 RHEL 如出一辙，同样使用 yum 命令来管理软件包。

每个版本的 CentOS 都会获得十年的支持（通过安全更新方式）。新版本的 CentOS 大约每两年发行一次，而每个版本的 CentOS 会定期（大概每六个月）更新一次，以便支持新的硬件，从而建立一个安全、低维护、稳定、高预测性、高重复性的 Linux 环境。

RHEL 在发行的时候，有两种方式：一种是二进制的发行方式，另外一种是源代码的发行方式。无论是哪一种发行方式，用户都可以免费获得（如从网上下载）。但如果用户要使用在线升级（包括补丁）或咨询服务，就必须要付费。RHEL 一直都提供源代码的发行方式，CentOS 就是将 RHEL 发行的源代码重新编译一次，形成一个可使用的二进制版本。由于 Linux 的源代码是 GNU，所以从获得 RHEL 的源代码到编译成新的二进制都是合法的。只是 RedHat 是公司注册商标，所以必须在新的发行版里将 RedHat 的商标去掉。RedHat 对这种发行版的态度是："我们其实并不反对这种发行版，真正向我们付费的用户，他们重视的并不是系统本身，而是我们所提供的商业服务。"所以，CentOS 可以得到 RHEL 的所有功能，甚至是更好的软件。但 CentOS 并不向用户提供商业支持，当然也不负任何商业责任。因此，如果不希望为 RHEL 的升级而付费，可以将 RHEL 转到 CentOS 上，当然，前提是用户必须有丰富的 Linux 使用经验，这样 RHEL 的商业技术支持就显得不重要了。但如果是单纯的业务型企业，那么还是建议选购 RHEL 并购买相应服务，这样可以节省 IT 管理费用，并可得到专业服务。总而言之，选用 CentOS 还是 RHEL，完全取决于公司是否拥有相应的技术力量。

（3）Debian

Debian 诞生于 1993 年 8 月 13 日，它的目标是提供一个稳定容错的 Linux 版本。支持 Debian 的不是某家公司，而是许多在其改进过程中投入了大量时间的开发人员，这种改进吸取了早期 Linux 的经验。Debian 以其稳定性著称,虽然它的早期版本 Slink 有一些问题,但是它的现有版本 Potato 已经相当稳定了。这个版本更多地使用了 Pluggable Authentication Modules (PAM),综合了一些更易于处理的需要认证的软件(如 Winbind for Samba)。Debian 的安装完全是基于文本的,对于其本身来说这不是一件坏事,但对于初级用户来说却并非这样,因为它仅仅使用 fdisk 作为分区工具而没有自动分区功能,所以它的磁盘分区过程令人十分讨厌。磁盘设置完毕后,软件工具包的选择通过一个名为 dselect 的工具实现,但它不向用户提供安装基本工具组(如开发工具)的简易设置步骤。最后需要使用 anXious 工具配置 X Window,这个过程与其他版本的 X Window 配置过程类似。完成这些配置后,Debian 就可以使用了。Debian 主要通过基于 Web 的论坛和邮件列表来提供技术支持。作为服务器平台,Debian 提供一个稳定的环境。为了保证它的稳定性,开发者不会在其中随意添加新技术,而是通过多次测试之后才选定合适的技术加入。大部分系统管理员注重服务器环境的稳定性,Debian 正好能提供这一点。

Debian 系列包括 Debian 和 Ubuntu 等。Debian 是社区类 Linux 的典范,是迄今为止最遵循 GNU 规范的 Linux 系统。Debian 分为 3 个版本分支:stable、testing 和 unstable。其中,unstable 为最新的测试版本,其中包括最新的软件包,但是也有相对较多的 bug,适合桌面用户。testing 的版本都经过 unstable 中的测试,相对较为稳定,也支持了不少新技术(如 SMP 等)。而 stable 一般只用于服务器,上面的软件包大部分都比较过时,但是稳定和安全性都非常的高。Debian 最具特色的是 apt-get/dpkg 包管理方式,其实 RedHat 的 yum 也是在模仿 Debian 的 apt 方式,但在二进制文件发行方式中,apt 应该是最好的了。

Debian 运行起来极其稳定,这使得它非常适合用于服务器。Debian 平时维护 3 套正式的软件库和 1 套非免费软件库,这给另外几款发行版(比如 Ubuntu 和 Kali 等)带来了灵感。Debian 这款操作系统派生出了多个 Linux 发行版。它有超过 37500 个软件包,这方面唯一胜过它的其他发行版只有 Gentoo。Debian 使用 apt 或 aptitude 来安装和更新软件。

Debian 这款操作系统无疑并不适合新手用户,而是适合系统管理员和高级用户。另外,它支持如今的大多数架构(处理器)。

(4) Ubuntu

Ubuntu 是一个以桌面应用为主的 Linux 操作系统,其名称来自非洲部落语言,意思是“人性”“仁爱”。Ubuntu 基于 Debian 发行版和 GNOME 桌面环境,与 Debian 的不同在于它每 6 个月会发布一个新版本。Ubuntu 的目标在于为一般用户提供一个最新的、同时又相当稳定的主要由自由软件构建而成的操作系统。Ubuntu 具有庞大的社区力量,用户可以方便地从社区获得帮助。

Ubuntu 严格来说不能算一个独立的发行版本,它是基于 Debian 的 unstable 版本加强而来,因此可以说 Ubuntu 就是一个拥有 Debian 所有的优点,以及自己所加强的优点的近乎完美的 Linux 桌面系统。根据选择的桌面系统不同,有 3 个版本可供选择:基于 Gnome 的 Ubuntu、基于 KDE 的 Kubuntu 以及基于 XFC 的 Xubuntu。其特点是界面非常友好、容易上手、对硬件的支持非常全面,是最适合做桌面系统的 Linux 发行版本。

作为 Debian GNU Linux 的一款衍生版,同时也是当今最受欢迎的免费操作系统,Ubuntu 侧重于它在这个市场的应用,在服务器、云计算甚至一些运行 Ubuntu Linux 的移动设备上都很常见。Ubuntu 的进程、外观和感觉大多数仍然与 Debian 一样。它使用基于 apt 的程序包管理器,也是如今市面上用起来最容易的发行版之一。

（5）Fedora

小巧的 Fedora 适合那些想尝试最先进的技术、等不及程序的稳定版出来的终极用户。其实，Fedora 就是 RedHat 公司的一个测试平台，产品在成为企业级发行版之前，在该平台上进行开发和测试。Fedora 是一款非常好的发行版，有庞大的用户论坛，软件库中还有为数不少的软件包。它同样使用 yum 来管理软件包。

（6）Kali Linux

Kali Linux 是 Debian 的一款衍生版，主要用于渗透测试。它的前身是 Backtrack。用于 Debian 的所有 Binary 软件包都可以安装到 Kali Linux 上，而其吸引力就来自于此。此外，支持 Debian 的用户论坛也为 Kali Linux 加分不少。它随带许多的渗透测试工具，无论是 Wi-Fi、数据库还是其他任何工具，都设计成立即可以使用。它同样使用 apt 来管理软件包。

毫无疑问，Kali Linux 是一款优秀渗透测试工具，也是黑客们所青睐的操作系统。

（7）OpenSUSE

总部设在德国的 SUSE AG 在商界已经奋斗了 8 年多，它一直致力于创建一个连接数据库的最佳 Linux 版本。为了实现这一目的，SUSE 与 Oracle 和 IBM 合作，以使他们的产品能稳定地工作。SUSE 还开发了 SUSE Linux eMail Server Ⅲ，这是一个非常稳定的电子邮件群组应用。其安装过程通过 GUI 完成，磁盘分区过程也非常简单，但它没有为用户提供更多的控制和选择。在 OpenSUSE 操作系统下，可以非常方便地访问 Windows 磁盘，这使得两种平台之间的切换，以及使用双系统启动变得更容易。OpenSUSE 的硬件检测非常优秀，该版本在服务器和工作站上都用得很好。OpenSUSE 拥有界面友好的安装过程，还有图形管理工具，对于终端用户和管理员来说使用同样方便，这使它成为一个强大的服务器平台。SUSE 也通过基于 Web 的论坛提供技术支持。

OpenSUSE 这款 Linux 发行版是免费的，并不供商业用途使用，仍然供个人使用。OpenSUSE 的真正竞争对手是 RHEL。它使用 Yast 来管理软件包。有了 Yast，使用和管理服务器应用程序就非常容易。此外，Yast 安装向导程序可以配置电子邮件服务器、LDAP 服务器、文件服务器或 Web 服务器，没有任何不必要的麻烦。它随带 snapper 快照管理工具，因而可以恢复或使用旧版的文件、更新和配置。由于让滚动发行版本成为可能的 Tumbleweed，可将已安装的操作系统更新到最新版本，不需要任何的新发行版。

OpenSUSE 在管理员当中的名气更大，因为它有 Yast 以及让系统管理员能够自动管理任务的其他此类应用程序，而同样水准的其他发行版则没有这项功能。

工作任务 2 配置 VMware 环境

【任务实施】

VMware 安装后可用来创建虚拟机，在虚拟机上安装系统，再在这个虚拟系统上安装应用软件，使用起来就像操作一台真正的计算机，因此，可以利用虚拟机学习安装操作系统，用 Ghost 分区、格式化，以及测试各种软件或病毒验证等工作，甚至可以组建网络。即使误操作都不会对真实计算机造成任何影响，因此虚拟机是学习计算机知识的好帮手。

1. 虚拟机的安装

1）双击下载好的 VMware Workstation 10 安装程序，如图 1-3 所示。

图 1-3   安装 VMware Workstation 10

2）打开安装向导，如图 1-4 所示，单击"下一步"按钮。

图 1-4   安装向导

3）接受许可协议，如图 1-5 所示，单击"下一步"按钮。

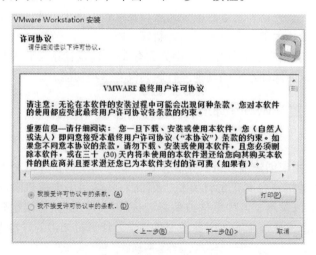

图 1-5   接受安装的许可协议

4）进入如图 1-6 所示的界面，选择典型安装。

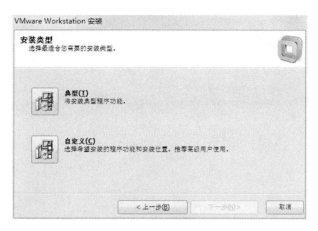

图1-6　选择安装类型

5）单击"下一步"按钮，如图 1-7 所示，选择安装位置。

图1-7　选择安装位置

6）单击"下一步"按钮，如图 1-8 所示，设置软件更新。

图1-8　设置软件更新

7）单击"下一步"按钮，如图 1-9 所示，设置用户体验改进计划。

图1-9　设置用户体验改进计划

8）单击"下一步"按钮，选择 VMware 快捷方式存放的位置，这里选择默认位置即可，如图 1-10 所示。

图1-10　VMware 快捷方式设置

9）单击"下一步"按钮，提示将执行安装过程，如图 1-11 所示，再单击"继续"按钮。

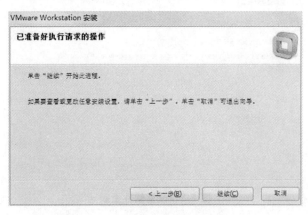

图1-11　提示将执行安装过程

10）安装过程如图 1-12 所示。

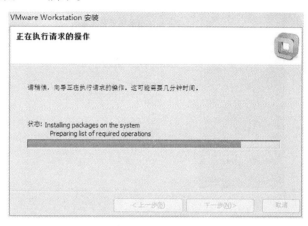

图 1-12　安装进行中

11）安装完毕，如图 1-13 所示，单击"完成"按钮即可。

图 1-13　安装完成

2．VMware 新建虚拟机

1）启动 VMware Workstation，单击"创建新的虚拟机"，如图 1-14 所示。

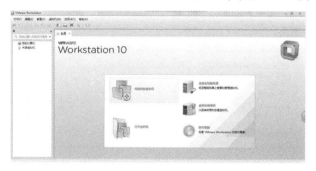

图 1-14　启动 VMware

2）打开如图 1-15 所示的新建虚拟机向导，选择典型安装，单击"下一步"按钮。

图 1-15　新建虚拟机向导

3）选择从哪里安装操作系统，如图 1-16 所示。这里务必选择第 3 项，以免设置完毕后系统自动安装。单击"下一步"按钮。

图 1-16　设置安装盘的位置

4）操作系统选择 Linux，版本为 CentOS，如图 1-17 所示，单击"下一步"按钮。

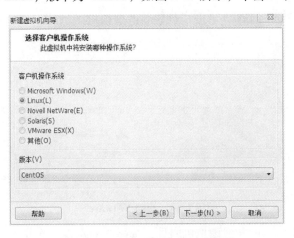

图 1-17　设置安装的操作系统类型

5）设置虚拟机名称和安装位置，如图 1-18 所示，单击"下一步"按钮。

图 1-18 设置虚拟机名称和安装位置

6）设置虚拟机磁盘大小，使用默认设置即可，如图 1-19 所示。用户可以根据主机硬盘的实际情况，调整其大小。

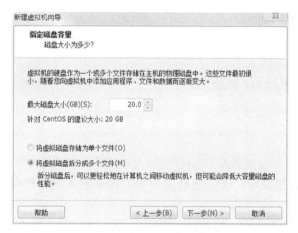

图 1-19 设置虚拟机磁盘大小

7）最后单击"完成"按钮即可完成安装，如图 1-20 所示。

图 1-20 完成虚拟机的创建

8）如果还需要修改其他硬件如内存的设置，可以在图 1-20 中单击"自定义硬件"按钮，如图 1-21 所示。

图 1-21　自定义虚拟机硬件

工作任务 3　安装 Linux 系统

【任务实施】

1. 安装操作系统

1）在虚拟机中对光驱设置插入 CentOS 安装光盘或导入光盘的镜像文件，再启动该虚拟机系统，则提示安装或修复系统。这时选择第一项直接安装系统，按"Enter"键，如图 1-22 所示。

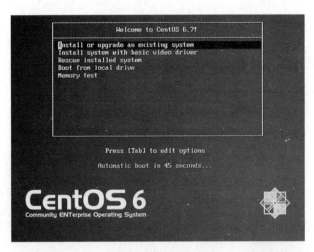

图 1-22　CentOS 安装提示

注意：安装前可以选择测试光盘或跳过，选择"OK"进行测试，可以确保安装过程中不会再因为光盘问题导致安装失败。如果用的是光盘镜像，则可以选择"Skip"跳过，如图 1-23 所示。

图 1-23 磁盘检查

2）进入安装引导界面，如图 1-24 所示，可以直接单击"Next"按钮。

图 1-24 安装引导界面

3）系统语言选择中文（简体），单击"Next"按钮，如图 1-25 所示。

图 1-25 系统语言选择

4）系统键盘选择默认，直接单击"下一步"按钮，如图 1-26 所示。

图 1-26　系统键盘选择

5）选择存储设备，单击"下一步"按钮，如图 1-27 所示。

图 1-27　系统存储设备选择

6）系统警告安装会覆盖原有数据，单击"下一步"按钮，如图 1-28 所示。

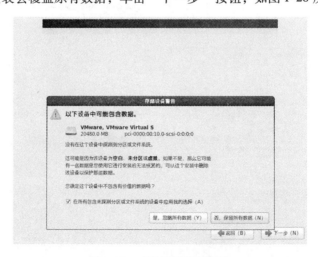

图 1-28　系统影响数据警告

7）设置主机名，单击"下一步"按钮，如图1-29所示。

图1-29　系统主机名设置

8）设置本地时区，单击"下一步"按钮，如图1-30所示。

图1-30　系统时区设置

9）设置根账号密码并确认，单击"下一步"按钮，如图1-31所示。

图1-31　密码设置

10）选择安装类型，单击"下一步"按钮，如图1-32所示。

图 1-32　选择安装类型

11) 开始创建存储设备，完成后单击"下一步"按钮，如图 1-33 所示。

图 1-33　创建存储设备

12) 选择安装的软件，单击"下一步"按钮，如图 1-34 所示。

图 1-34　软件选择

13）开始软件包的安装，如图 1-35 所示。

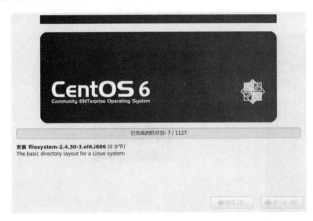

图 1-35　安装软件包

14）引导装载程序，单击"下一步"按钮，如图 1-36 所示。

图 1-36　加载 CentOS

15）CentOS 将自动完成安装过程，如图 1-37 所示。

图 1-37　完成安装 CentOS

2. 配置操作系统

1）启动配置引导界面，单击"前进"按钮，如图1-38所示。

图1-38　系统基本配置引导

2）显示许可协议，单击"前进"按钮，如图1-39所示。

图1-39　配置 CentOS 系统协议

3）为系统创建一个普通用户，设置用户名和密码，单击"前进"按钮，如图1-40所示。

图1-40　创建用户

4）设置日期和时间，单击"前进"按钮，如图 1-41 所示。

图 1-41　设置日期和时间

5）设置系统网络同步时间，单击"前进"按钮，如图 1-42 所示。

图 1-42　设置系统网络同步时间

6）配置 Kdump，单击"完成"按钮，如图 1-43 所示。

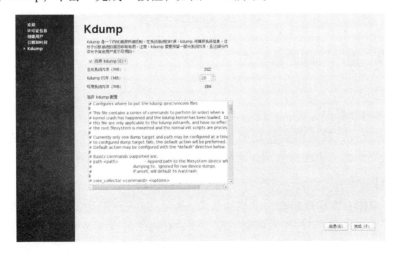

图 1-43　配置 Kdump

7）系统基本配置完成，进入到登录界面，如图 1-44 所示。

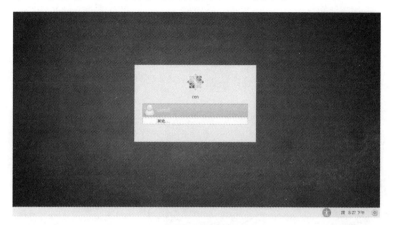

图 1-44　登录界面

8）登录系统后，显示桌面，如图 1-45 所示。到此 Linux 安装和配置完成，可以正常使用了。

图 1-45　CentOS 主界面

工作任务 4　更改不同启动模式

【知识准备】

Linux 有多种启动界面方式：直接进入图形界面、进入字符界面以及字符和图形界面转换等。Linux 安装完成后，默认就运行在第 5 个系统运行级别。在 SYSTEMV 风格的 UNIX 系统中，系统被分为不同的 7 个运行级别，这和 BSD 分支的 UNIX 有所不同。

【任务实施】

默认情况下 RHTL 在启动时会自动启动 X Window，进入图形化操作界面。而许多 Linux 学习者已经习惯了在 Console 字符操作界面工作，或是有些学习者嫌 X Window 启动太慢，喜欢直观快速的 Console 操作。

1. 进入字符界面

为了在 Linux 启动时直接进入 Console 字符操作界面,可以编辑/etc/inittab 文件。找到 "id: 5: initdefault: " 这一行,将它改为 "id: 3: initdefault: " 后重新启动系统即可。可以看到,简简单单地将 5 改为 3,就能实现启动时从进入 X Window 图形操作界面到进入 Console 字符操作界面的转换,这是因为 Linux 操作系统有 7 种不同的运行级别(Run Level),而在不同的级别下系统有着不同的状态。这 7 种运行级分别为:

0——停机(记住不要把 initdefault 设置为 0,因为这样会使 Linux 无法启动)。

1——单用户模式,就像 Windows 系统下的安全模式。

2——不带网络的多用户模式,即没有 NFS。

3——完全多用户模式,标准的运行级。

4——保留,一般不用,在一些特殊情况下可以用它来做一些事情。

5——图形界面的多用户模式(X11),即进到 X Window 系统。

6——重新启动(记住不要把 initdefault 设置为 6,因为这样会使 Linux 不断地重新启动)。

其中运行级别 3 就是我们要进入的标准 Console 字符操作界面模式。

2. 字符操作界面和图形操作界面的转换

X Window 图形操作界面和 Console 字符操作界面各有优点,那么能否同时拥有这两种操作界面呢?在操作灵活的 Linux 系统中,这个要求当然是可以得到满足的。

在 X Window 图形操作界面中按 "Alt + Ctrl + F1 ~ F6" 组合键就可以进入 Console 字符操作界面;在 Console 字符操作界面中按 "Alt + Ctrl + F7" 组合键即可切换回 X Window 图形操作界面。这时 Linux 默认打开 7 个屏幕,编号为 tty1 ~ tty7。X Window 启动后占用的是 tty7 屏幕,tty1 ~ tty6 仍为字符操作界面屏幕。

Linux 的老用户们都知道,X Window 是一个非常方便的图形操作界面,用户用鼠标即可进行最简单的操作,但是它也有不少缺点,比如启动和运行速度慢、稳定性不够、兼容性差、容易崩溃等。但是 X Window 出现问题并不会使整个 Linux 系统崩溃,从而导致数据丢失或系统损坏,因为当 X Window 由于自身或应用程序而失去响应或崩溃时,用户可以非常方便地退出 X Window,进入 Console 字符操作界面进行故障处理,要做的只是按 "Alt + Ctrl + Backspace" 组合键即可,这意味着只要系统没有失去对键盘的响应,X Window 出了任何问题,都可以方便地退出。

单元实训 ◎

【实训目标】

安装一台 Linux 服务器,并在网络中配置好 IP 地址等相关参数。

【实训步骤】

1)准备好一台 PC,主要配置为:Intel 酷睿 i5 6500,内存 4GB,硬盘 1TB,准备 VMware Workstation 10 安装盘以及 CentOS 系统盘。

2)根据本章中知识点,首先安装 VMware Workstation 10,并在其中建立 CentOS 平台,配置 CPU 为单核，内存 1GB，硬盘 5GB。将 CentOS 系统盘路径添加到安装 VMware Workstation 的配置中。

3）根据本章的介绍安装 CentOS，并进行分区、时区等相关配置，完成普通用户登录。

4）了解并掌握 ROOT 用户登录方法，并能够使用终端界面进行系统登录。

【思考题】

1）如何理解 Linux 系统？

2）Linux 有很多版本，如 RedHat、Ubuntu、Kali、OpenSUSE 等，这些版本有什么异同？

3）Linux 系统和 Windows 系统有什么异同？

单元 2　Linux 基本操作

学习目标

1）熟悉 Linux 系统的终端窗口和命令基础。
2）掌握文件目录类命令。
3）掌握系统信息类命令。
4）掌握进程管理命令及其他常用命令。

情境设置

【情境描述】

小明在不断的学习中发现，当安装完成 Linux 系统后，多半情况下是远程在文本模式和终端模式下进行登录和使用的，并且经常会使用 Linux 命令来查看系统的状态和监视系统的操作，如对文件和目录进行浏览、操作等。在 Linux 较早的版本中，由于不支持图形化操作，用户基本上都是使用命令行方式对系统进行操作，所以必须要掌握常用的 Linux 命令。下面就跟随小明一起来学习使用 Linux 的基本操作。

【问题提出】

1）如何使用用户登录、注销和切换？
2）如何查看帮助？
3）如何安装和卸载软件？
4）如何使用 vi 编辑器？

工作任务

工作任务 1　用户登录、注销和切换

【知识准备】

login 命令可用于注销当前的用户，更换其他用户进行登录，当然也可以指定相应的用户登录。其语法格式如下：

```
login [选项] [参数]
```

在当前用户（root）下直接输入"login"，系统会自动注销 root，并重新给出登录提示符，输入用户名，按"Enter"键后系统会提示输入密码。命令中各选项及相应功能见表 2-1。

表 2-1　login 命令各选项及相应功能

选　项	相应功能
−p	登录时保持现在的环境
−h	指定远程计算机名称
−f	指定用户名称

也可以在当前用户下直接输入"login 新用户名"，按"Enter"键后直接提示密码输入框，无须再一次输入用户名。

注意：如果/etc 目录包含 nologin 文件，则只允许 root 用户登录，其他用户无法登录。

【任务实施】

1. 用户登录及注销

1）进入登录界面，如图 2-1 所示。

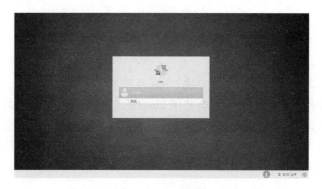

图 2-1　登录界面

2）注销当前用户，如图 2-2 所示。

图 2-2　注销当前用户

3）以 root 用户登录，如图 2-3 所示。

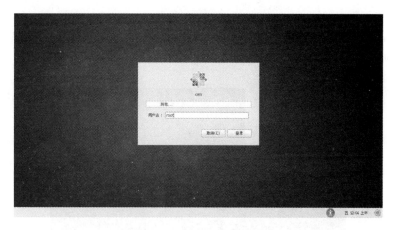

图 2-3　以 root 用户登录

4）进入系统界面，如图 2-4 所示。

图 2-4　登录后系统界面

5）打开终端，以 root 用户登录，如图 2-5 所示。

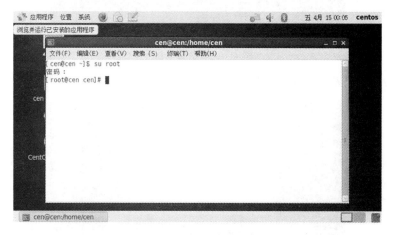

图 2-5　使用终端登录

2. 用户切换

1）进入 CentOS，依次选择"系统"→"关于本计算机"命令，可以查看当前系统的版本，如图 2-6 所示。

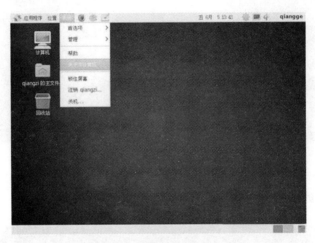

图 2-6　查看当前系统版本

2）鼠标移动到桌面右上角，单击用户名，再选择"切换用户"命令，如图 2-7 所示。

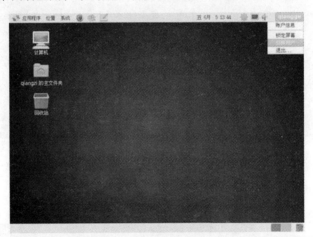

图 2-7　切换登录用户

3）打开切换用户界面，选择"其他"，如图 2-8 所示。

图 2-8　切换用户

4）输入用户名"root"，并单击"登录"按钮，如图 2-9 所示。

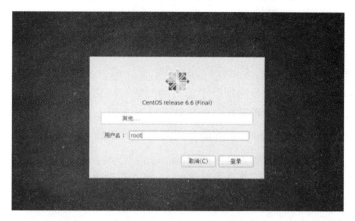

图 2-9　以 root 用户登录

5）输入 root 用户的密码，单击"登录"按钮，如图 2-10 所示。

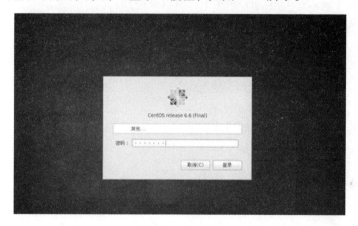

图 2-10　输入密码

6）进入 CentOS 系统桌面，可以看到桌面右上角的用户名为 root，这时就成功切换到 root 用户了。

工作任务 2　查看帮助

【知识准备】

1. man 命令

Linux 提供了丰富的帮助手册，查看某个命令的参数时不必上网查找，只要使用 man 命令即可。其语法格式如下：

```
man [选项] [参数]
```

输入"?"，可向前查找，如"?-h"，将会搜索含有"-h"的行；输入"/"，可向后查找，如"/-k"，将会向后搜索"-k"的行；输入"N"或者"n"进行上一个或下一个相关匹配项查看。

可以通过 manpath 命令来查看帮助手册的位置。

帮助手册页入口参数如下：

1——用户指令　　2——系统　　　　3——程序库

4——设备　　　　5——文件系统　　6——游戏

7——杂项　　　　8——系统指令　　9——内核指令

一般经常用到的参数为 1、5、8。

一般用 man 命令查看一个命令的帮助手册页的时候，可以通过 whatis 命令查看一下该命令在帮助手册中的入口，一条命令可能有多个帮助手册页入口。

在用 man 命令查询 rm 或者 passwd 的命令的时候，可以输入如下语句：

```
man 5 passwd   //在入口为文件系统去查询 passwd 的帮助手册页
man 1 passwd   //在入口为用户指令去查询 passwd 的帮助手册页
man 1 /1p rm
```

2. 内部命令和外部命令

简单来说，在 Linux 系统中有存储位置的命令为外部命令；没有存储位置的为内部命令，可以理解为内部命令嵌入在 Linux 的 shell 中，所以看不到。

外部命令的帮助文档使用 help 的格式如下：

```
命令 --help
```

例如：

```
passwd --help
```

内部命令的帮助文档使用 help 的格式如下：

```
help - 命令
```

例如：

```
help - cd
```

工作任务 3　安装和卸载软件

【知识准备】

1. Linux 系统中安装和卸载软件

在 Windows 系统中，只须运行软件的安装程序（setup、install 等）或卸载程序（uninstall、unware 等）即可，完全图形化的操作向导界面，简单到用户只须用鼠标一直单击"下一步"按钮即可。而在 Linux 系统中就不一样了，很多初学者都抱怨在 Linux 中安装和卸载软件非常困难，没有像使用 Windows 时那么直观。其实在 Linux 中安装和卸载软件也非常简单，同样也有安装向导或解压安装的方式，不同的只是除了二进制形式的软件分发外，还有许多以源代码形式分发的软件包。

Linux 中的软件一般都是经过压缩的，主要的格式有 rpm、tar、tar. gz、tgz 等，所以安装前先要进行解压缩。

在 X Window 中 rpm 格式的软件安装比较容易，只要把鼠标移到文件上单击右键，在弹出的快捷菜单里会有 3 项命令：show info、upgrade 和 install；而对于 tar、tar. gz、tgz 等格式的文件，在 X Window 中双击就会自动解压缩。

2．yum 命令的使用

（1）使用 yum 安装和卸载软件

使用 yum 命令安装和卸载软件的一个前提是安装的软件包必须是 rpm 格式的。

使用 yum 命令安装和卸载软件包的命令分别如下：

```
yum install 软件包名称    //安装软件包
yum remove 软件包名称     //卸载软件包
```

执行 yum 命令安装软件会首先查询数据库，看有无这一软件包，如果有，则检查其依赖冲突关系，如果没有依赖冲突，那么下载安装；如果有，则会给出提示，询问是否要同时安装依赖，或删除冲突的包，用户可以自己做出判断。卸载时同安装一样，yum 命令也会查询数据库，给出解决依赖关系的提示。

（2）使用 yum 命令查询想安装的软件

想安装一个软件，但只知道它和某方面有关，却不能确切知道它的名字，这时 yum 命令的查询功能就起作用了。可以用"yum search 关键字"这样的命令来进行搜索，比如要安装一个即时通信软件（Instant Messenger），但又不知到底有哪些，这时不妨输入"yum search messenger"命令进行搜索，yum 命令会搜索所有可用 rpm 的描述，列出所有描述中和 messenger 有关的 rpm 包，供用户从中选择。

如果碰到安装了一个包，但又不知道其用途，可以用"yum info 软件包名称"命令来获取信息。

1）使用 yum 命令查找软件包。命令如下：

```
yum search 软件包名称
```

2）列出所有可安装的软件包。命令如下：

```
yum list
```

3）列出所有可更新的软件包。命令如下：

```
yum list update
```

4）列出所有已安装的软件包。命令如下：

```
yum list installed
```

5）列出所有已安装但不在 yum Repository 内的软件包。命令如下：

```
yum list extras
```

6）列出所指定软件包。命令如下：

```
yum list
```

7）获取软件包信息。命令如下：

```
yum info 软件包名称
```

8）列出所有软件包的信息。命令如下：

```
yum info
```

9）列出所有可更新的软件包信息。命令如下：

```
yum info updates
```

10）列出所有已安装的软件包信息。命令如下：

```
yum info installed
```

11）列出所有已安装但不在 yum Repository 内的软件包信息。命令如下：

```
yum info extras
```

12）列出软件包提供哪些文件。命令如下：

```
yum provides 软件包名称
```

（3）清除 yum 命令缓存

yum 命令会把下载的软件包和 header 存储在缓存（目录为/var/cache/yum）中，而不会自动删除。如果读者觉得它们占用了磁盘空间，可以使用 yum clean 命进行清除。更精确的用法是用 yum clean headers 命令清除 header，用 yum clean oldheaders 命令清除旧的 headers，用"yum clean 软件包名称"命令清除下载的 rpm 包，用 yum clean all 命令清除所有内容。

（4）yum 命令工具使用举例

```
yum update              //升级系统
yum install             //安装指定软件包
yum update              //升级指定软件包
yum remove              //卸载指定软件
yum grouplist           //查看系统中已经安装的和可用的软件组,可用的可以安装
yum groupinstall        //安装上一个命令显示的可用的软件组中的一个
yum groupupdate         //更新指定软件组中的软件包
yum groupremove         //卸载指定软件组中的软件包
yum deplist             //查询指定软件包的依赖关系
yum list yum\*          //列出所有以 yum 开头的软件包
yum localinstall        //从硬盘安装 rpm 包并使用 yum 命令解决依赖
```

3．二进制分发软件包的安装与卸载

Linux 软件的二进制分发是指事先编译好二进制形式的软件包的发布形式，其优点是安装及使用容易，缺点则是缺乏灵活性，如果该软件包是为特定的硬件/操作系统平台编译的，那它就不能在另外的平台或环境下正确执行。

（1）*.rpm 形式的二进制软件包

安装：rpm - ivh *.rpm

卸载：rpm - e 软件包名称

说明：rpm（RedHat Package Manager）是 RedHat 公司出品的软件包管理器，使用它可以很容易地对 rpm 形式的软件包进行安装、升级、卸载、验证、查询等操作，安装简单，而卸载时也可以将软件安装在多处目录中的文件删除干净，因此推荐初学者尽可能使用 rpm 形式的软件包。rpm 的参数中 i 是安装，v 是校验，h 是用散列符显示安装进度，*.rpm 是软件包的文件名（这里的 *.rpm 特指 *.src.rpm 以外的以 rpm 为扩展名的文件）；参数 e 是删除软件包，软件包名称与软件包的文件名有所区别，它往往是文件名中位于版本号前面的字符串，例如 apache-3.1.12-i386.rpm 和 apache-devel-3.1.12-i386.rpm 是软件包文件名，它们的软件包名称分别是 apache 和 apache-devel。更多的 rpm 参数可以用 man rpm 命令参看帮助手册页。

如果不喜欢在字符操作界面下安装或卸载这些软件包，完全可以在 X Window 下使用图形界面的软件包管理程序，如 glint、xrpm 这样的图形接口，或者是 KDE 的 kpackage 等，这样对软件包的安装、升级、卸载、验证和查询就可以通过单击鼠标来轻松完成。

（2）∗.tar.gz/∗.tgz、∗.bz2 形式的二进制软件包

安装：tar zxvf ∗.tar.gz 或 tar yxvf ∗.bz2

卸载：手动删除。

说明：∗.tar.gz/∗.bz2 形式的二进制软件包是用 tar 工具来打包、用 gzip/bzip2 压缩的，安装时直接解包即可。对于解压后只有单一目录的软件，卸载时用命令"rm –rf 软件目录名"；如果解压后文件分散在多处目录中，则必须手动删除（稍麻烦），想知道解压时向系统中安装了哪些文件，可以用命令 tar zxvf ∗.tar.gz 或 tar yxvf ∗.bz2 获取清单。tar 的参数中 z 是调用 gzip 解压，x 是解包，v 是校验，f 是显示结果，y 是调用 bzip2 解压，t 是列出包的文件清单。更多的 tar 参数可用 man tar 命令参看帮助手册页。

如果更喜欢图形界面的操作，可以在 X Window 下使用 KDE 的 ArK 压缩档案管理工具。

（3）提供安装程序的软件包

这类软件包已经提供了安装脚本或二进制的安装向导程序（setup、install 及 install.sh 等），只须运行它就可以完成软件的安装；同时也提供了相应的卸载脚本或程序。例如 Sun 公司的 StarOffice 办公软件套件就使用名为 setup 的安装程序，而且在软件安装后提供卸载的功能，目前这种类型的软件包还比较少，因其安装与卸载的方式与 Windows 软件一样，所以不再赘述。

4. 源代码分发软件包的安装与卸载

Linux 软件的源代码分发是指提供了该软件所有程序源代码的发布形式，需要用户自己编译成可执行的二进制代码并进行安装，其优点是配置灵活，可以随意去掉或保留某些功能/模块，适应多种硬件/操作系统平台及编译环境，缺点是难度较大，一般不适合初学者使用。

（1）∗.src.rpm 形式的源代码软件包

安装：rpm --rebuild ∗.src.rpm
　　　 cd /usr/src/dist/RPMS
　　　 rpm –ivh ∗.rpm

卸载：rpm –e 软件包名称

说明：rpm --rebuild ∗.src.rpm 命令将源代码编译并在/usr/src/dist/RPMS 目录下生成二进制的 rpm 包，然后再安装该二进制包即可。

（2）∗.tar.gz/∗.tgz、∗.bz2 形式的源代码软件包

安装：tar zxvf ∗.tar.gz 或 tar yxvf ∗.bz2 先解压，然后进入解压后的目录：

```
./configure    //配置
make           //编译
make install   //安装
```

卸载：make uninstall 或手动删除。

说明：建议解压后先阅读说明文件，可以了解安装有哪些需求，必要时还需改动编译配置。有些软件包的源代码在编译安装后可以用 make install 命令来进行卸载，如果不提供此功能，则软件的卸载必须手动删除。由于软件可能将文件分散地安装在系统的多个目录中，往往很难把它删除干净，因此应该在编译前进行配置，指定软件将要安装到目标路径"./configure --prefix = 目录名"，这样可以使用"rm –rf 软件目录名"命令来进行干净彻底的卸载。与其

他安装方式相比，需要自己编译安装是最难的，它适合于使用 Linux 已有一定经验的人，一般不推荐使用。

【任务实施】

Linux 软件的安装和卸载一直是困扰许多新用户的难题。在 Windows 中，读者可以使用软件自带的安装卸载程序或在控制面板中选择"添加/删除程序"来实现。与其相类似，在 Linux 中有一个功能强大的软件安装卸载工具，即 rpm。它可以用来建立、安装、查询、更新或卸载软件。该工具是在命令行下使用的。在 Shell 的提示符后输入"rpm"，就可获得该命令的帮助信息。

1. 软件的安装

Linux 中软件的安装主要有两种不同的形式：一种安装文件名为 xxx. tar. gz；另一种安装文件名为 xxx. i386. rpm。以第一种方式发行的软件多为以源码形式发送的；第二种方式则是直接以二进制形式发送的。

对于第一种形式，安装方法如下：

1）首先，将安装文件复制到用户目录中。例如，如果是以 root 身份登录的，就将软件复制至/root 目录中，命令如下：

```
# cp xxx.tar.gz /root
```

2）由于该文件是被压缩并打包的，应对其解压缩。命令如下：

```
# tar xvzf filename.tar.gz
```

3）执行该命令后，安装文件按路径解压缩到当前目录下。用 ls 命令可以看到解压缩后的文件。通常在解压缩后产生的文件中，有 install 文件。该文件为纯文本文件，详细讲述了该软件包的安装方法。

4）执行解压缩后产生的一个名为 configure 的可执行脚本程序。它是用于检查系统是否有编译时所需的库，以及库的版本是否满足编译的需要等安装所需的系统信息，为随后的编译工作做准备。命令如下：

```
# ./configure
```

5）检查通过后，将生成用于编译的 MakeFile 文件。此时，可以开始进行编译了。编译过程所耗费的时间视软件的规模和计算机性能的不同而不同。命令如下：

```
# make
```

6）成功编译后，输入如下的命令开始安装：

```
# make install
```

7）安装完毕，应清除编译过程中产生的临时文件和配置过程中产生的文件。命令如下：

```
# make clean
# make distclean
```

至此，软件的安装结束。

对于第二种形式，其安装方法要简单得多。

同第一种形式一样，将安装文件复制到用户目录中，然后使用 rpm 来安装该文件。命令如下：

```
# rpm – i filename.i386.rpm
```

rpm 将自动将安装文件解包，并将软件安装到当前目录下，同时将软件的安装信息注册到 rpm 的数据库中。其中，参数 i 的作用是使 rpm 进入安装模式。

2. 软件的卸载

1）软件的卸载主要是使用 rpm 来进行的。卸载软件首先要知道软件包在系统中注册的名称。命令如下：

```
# rpm – q – a
```

即可查询到当前系统中安装的所有的软件包。

2）确定了要卸载的软件的名称，就可以开始实际卸载该软件了。命令如下：

```
# rpm – e 软件包名称
```

其中，参数 e 的作用是使 rpm 进入卸载模式。由于系统中各个软件包之间相互有依赖关系。如果因存在依赖关系而不能卸载，rpm 将给予提示并停止卸载。可以使用如下的命令来忽略依赖关系，直接开始卸载：

```
# rpm – e 软件包名称 – nodeps
```

忽略依赖关系的卸载可能会导致系统中其他的一些软件无法使用。

注意：如果是以 .bin 结尾的二进制软件，可以用以下方法安装（以 so–6_0–beta–bin–Linux–zh–Tw1.bin 为例）。

在 so–6_0–beta–bin–Linux–zh–Tw1.bin 所在文件夹下运行模拟终端，输入：

```
./so–6_0 – beta – bin – Linux – zh – Tw1.bin
```

当然也可以输入：

```
./so
```

再按 "Tab" 键补全（"./" 表示当前目录，如果终端不在该软件所在目录下打开，则须在软件名前输入相应的路径。）

如果在图形界面，则可直接双击进行安装。

工作任务 4　使用 vi 编辑器

【知识准备】

1. vi 的基本概念

vi 编辑器（简称 vi）是 Linux 和 UNIX 上最基本的文本编辑器，工作在字符模式下。由于不需要图形界面，vi 是效率很高的文本编辑器。尽管在 Linux 上也有很多图形界面的编辑器可用，但 vi 在系统和服务器管理中的功能是那些图形编辑器所无法比拟的。vi 可以执行输出、删除、查找、替换以及块操作等众多文本操作，而且用户可以根据自己的需要对其进行定制，这是其他编辑程序所没有的。

vi 并不是一个排版程序，它不像 Word 或 WPS 那样可以对字体、格式、段落等其他属性进行编排。它只是一个文本编辑程序，没有菜单，只有命令，且命令繁多。

vim 是 vi 的加强版，比 vi 更容易使用。vi 的命令几乎全部都可以在 vim 上使用。

在 1976 年之前，UNIX 系统中的标配编辑器并不是 vi，而是 ed，它一种行编辑器。Bill Joy 一开始开发了对用户更友好、支持更多命令的 ed——ex（ed extended）。紧接着，他同 Chuck Haley 一起为 ex 开发了 ex 的可视界面（Visual Interface），并于 1979 年正式采用了 vi 这个名字，沿用至今。

vi 的强大不逊色于任何最新的文本编辑器，这里只简单地介绍一下它的用法和一小部分指令。由于对 UNIX 及 Linux 系统的任何版本，vi 都是完全相同的，因此用户可以在其他任何介绍 vi 的地方进一步了解它。vi 也是 Linux 中最基本的文本编辑器，学会它后，用户可以在 Linux 的世界里畅行无阻。

基本上 vi 可以分为以下 3 种状态：

1）命令行模式（Command Mode）。控制屏幕光标的移动，字符、字或行的删除，移动复制某区段及进入其他两种模式。

2）插入模式（Insert Mode）。只有在该模式下才可以进行文字输入，按"Esc"键可回到命令行模式。

3）末行模式（Last Line Mode）。将文件保存或退出 vi，也可以设置编辑环境，如寻找字符串、列出行号等。

2．vi 的基本操作

（1）进入 vi

在系统提示符后输入"vi 文件名称"，就进入 vi 全屏幕编辑画面。要特别注意的是，进入 vi 之后是处于命令行模式，要切换到插入模式才能够控制光标输入文字。

（2）切换至插入模式编辑文件

在命令行模式下按"I"键就可以进入插入模式，这时候就可以开始输入文字了。

（3）插入模式的切换

处于插入模式时，只能输入文字，如果发现输错了想用光标键往回移动将该字删除，要先按"Esc"键转到命令行模式再删除文字。

（4）退出 vi 及保存文件

命令行模式下保存并退出可输入"ZZ"。

在命令行模式下，按"："键进入末行模式，例如：

```
:w 文件名      //将文字内容以指定的文件名保存
:wq           //存盘并退出 vi
:q!           //不存盘强制退出 vi
:x            //执行保存并退出 vi
```

3．功能键

（1）插入模式

按"I"键进入插入模式后，将从光标当前位置开始输入文件；按"A"键进入插入模式后，将从当前光标所在位置的下一个位置开始输入文字；按"O"键进入插入模式后，将插入新的一行，从行首开始输入文字。

（2）从插入模式切换为命令行模式

按"Esc"键。

（3）移动光标

vi 可以直接用键盘上的光标来上下左右移动，但正规的 vi 是用小写字母"h""j""k""l"分别控制光标左、下、上、右移一格。

Ctrl + b：屏幕往后移动一页。

Ctrl + f：屏幕往前移动一页。

Ctrl + u：屏幕往后移动半页。

Ctrl + d：屏幕往前移动半页。

gg：移动到文章的首行（只在 vim 中有效）。

G：移动到文章的最后。

$：移动到光标所在行的行尾。

^：移动到光标所在行的行首。

w：光标跳到下个字的开头。

e：光标跳到下个字的字尾。

b：光标回到上个字的开头。

#l：光标移到该行的第#个位置，如 5l、56l。

vi 还提供了如下 3 个关于光标在全屏幕上移动并且文件本身不发生滚动的命令：

1）H 命令。该命令将光标移至屏幕首行的行首（即左上角），也就是当前屏幕的第一行，而不是整个文件的第一行。利用此命令可以快速将光标移至屏幕顶部。若在 H 命令之前加上数字 n，则将光标移至第 n 行的行首。值得一提的是，使用命令 dH 将会删除从光标当前所在行至所显示屏幕首行的全部内容。

2）M 命令。该命令将光标移至屏幕显示文件的中间行的行首。即如果当前屏幕已经充满，则移动到整个屏幕的中间行；如果并未充满，则移动到文本的那些行的中间行。利用此命令可以快速地将光标从屏幕的任意位置移至屏幕显示文件的中间行的行首。同样值得一提的是，使用命令 dM 将会删除从光标当前所在行至屏幕显示文件的中间行的全部内容。

3）L 命令。当文件显示内容超过一屏时，该命令将光标移至屏幕上的最底行的行首；当文件显示内容不足一屏时，该命令将光标移至文件的最后一行的行首。可见，利用此命令可以快速准确地将光标移至屏幕底部或文件的最后一行。若在 L 命令之前加上数字 n，则将光标移至从屏幕底部算起第 n 行的行首。同样值得一提的是，使用命令 dL 将会删除从光标当前行至屏幕底行的全部内容。

其他光标常用操作如下：

1）删除文字。

x：每按一次，删除光标所在位置的后面一个字符。

#x：例如，6x 表示删除光标所在位置的后面 6 个字符。

X：每按一次，删除光标所在位置的前面一个字符。

#X：例如，20X 表示删除光标所在位置的前面 20 个字符。

dd：删除光标所在行。

#dd：从光标所在行开始删除#行。

2）复制。

yw：将光标所在之处到字尾的字符复制到缓冲区中。

#yw：复制#个字到缓冲区。

yy：复制光标所在行到缓冲区。

#yy：复制从光标所在的行往下数#行文字。

p：将缓冲区内的字符贴到光标所在位置。注意：所有与"y"有关的复制命令都必须与"p"配合才能完成复制与粘贴功能。

3）替换。

r：替换光标所在处的字符。

R：替换光标所到之处的字符，直到按下"Esc"键为止。

4）更改。

cw：更改光标所在处的字到字尾处。

c#w：更改光标所在处的#个字。

5）撤销更改。

u：撤销上一次更改，可以一直按"u"键，一直撤销到最原始修改状态。

Ctrl + r：恢复撤销的更改，可以一直按该组合键达到最新的改变。

6）跳至指定的行。

Ctrl + g：列出光标所在行的行号。

#G：移动光标至文章的第#行行首。

（4）底行模式下的命令

在使用底行模式之前，先按"Esc"键确定已经处于命令行模式下后，再按"："键即可进入底行模式。

1）列出行号。

set nu：在文件中的每一行前面列出行号。

2）跳到文件中的某一行。

#：按"Enter"键，光标跳到第#行。

3）查找字符。

/关键字：先按"/"键，再输入想寻找的字符，如果第一次找的关键字不是想要的，可以一直按"n"键往后寻找要的关键字为止。

? 关键字：先按"?"键，再输入想寻找的字符，如果第一次找的关键字不是想要的，可以一直按"n"键会往前寻找到您要的关键字为止。

4）语法加亮。

syntax on：vi 编辑器默认不打开语法加亮功能，打开 vi 编辑器后在末行模式下使用 syntax on 命令即可打开语法加亮功能，此时编辑器会高亮显示文件中的关键字，方便编程使用，用 syntax off 命令可关闭该功能。

单元实训

【实训目标】

在/root 目录下建立文件夹，在该文件夹下建立文档，利用 vi 编辑器在该文件夹下录入内容，保存并退出，再复制该文件到/etc 目录下。

【实训步骤】

1）使用登录软件登录 CentOS，并切换到/root 目录下。

2）使用 md 命令建立文件夹，使用 touch 命令建立文档。

3）在该目录下用 vi 打开该文档，在编辑模式下录入"1234567890"，在命令模式下保存并退出。

4）使用 cp 命令将该文档复制到/etc 目录下。

【思考题】

1. 显示当前目录的命令是（　　　）。

A. pwd　　　　　　　B. cd　　　　　　　C. who　　　　　　　D. ls

2. 用 mkdir 命令创建新的目录时，在其父目录不存在时先创建父目录的参数是（　　　）。

A. -m　　　　　　　B. -d　　　　　　　C. -f　　　　　　　D. -p

3. 删除一个非空子目录/tmp 的命令是（　　　）。

A. del/tmp/ *　　　B. rm -rf/tmp　　　C. rm -ra/tmp/ *　　　D. rm -rf/tmp/ *

4. 用 ls -al 命令列出下面的文件列表，其中（　　　）文件是符号连接文件。

A. -rw-rw-rw- 2 hel -s users 56 Sep 09 11:05 hello

B. -rwxrwxrwx 2 hel -s users 56 Sep 09 11:05 goodbye

C. drwxr--r-- 1 hel users 1024 Sep 10 08:10 zhang

D. lrwxr--r-- 1 hel users 2024 Sep 12 08:12 cheng

5. 按（　　　）组合键能中止当前运行的命令。

A. Ctrl + D　　　　B. Ctrl + C　　　　C. Ctrl + B　　　　D. Ctrl + F

单元3　管理文件和目录

1）Linux 文件系统的结构。
2）Linux 系统的文件权限管理。
3）磁盘和文件系统管理命令。
4）Linux 系统的权限管理的应用。

情境设置 ©

【情境描述】

想要成为一名真正的 Linux 系统的网络管理员，小明觉得还应该学习 Linux 文件系统和磁盘管理相关知识，因为对于系统中文件管理、权限管理也是未来使用中至关重要的知识。尤其对于初学者来说，文件的权限与属性是学习 Linux 的一个相当重要的关卡，如果没有这部分的概念，再遇到"Permission deny"的错误提示时还会一筹莫展。下面就跟随小明来学习文件系统及磁盘工具等相关知识。

【问题提出】

1）怎样认识 Linux 文件和目录结构？
2）怎样管理文件及目录？
3）怎样管理外部存储器？

工作任务 ©

工作任务1　认识文件和目录结构

【知识准备】

1. 认识 Linux 文件

在使用 Linux 的时候，执行 ls -l 命令就会发现，在"/"下包含很多的目录，比如 etc、usr、var 及 bin 等，而在这些目录中还有很多的子目录或文件。文件系统在 Linux 中看上去就像一棵树，所以可以把文件系统的结构形象地称为树形结构。

文件系统是用来组织和排列文件存取的。Linux 文件系统的最顶端是"/"，称为 Linux 的根目录。它也是 Linux 文件系统的入口，所有的目录、文件、设备都在"/"之下，可以说"/"就是 Linux 文件系统的组织者，也是最上级的领导者。

由于 Linux 是开放源代码，各大公司和团体根据 Linux 的核心代码进行各自的操作编程，这样就造成在根目录下的子目录不同，导致用户不能使用别人的 Linux 系统，因为不知道一些基本的配置，例如文件在哪里，从而造成混乱。这也是 FHS（Filesystem Hierarchy Standard）机构诞生的原因。该机构是 Linux 爱好者自发的组成的一个团体，主要是是对 Linux 做一些基本的要求，不至于使操作者换一台主机就成了 Linux 的"文盲"。

　　FHS 的官方文件指出，它们的主要目的是希望让使用者可以了解到已安装软件通常放置于哪个目录下，所以希望独立的软件开发商、操作系统制作者以及想要维护系统的用户，都能够遵循 FHS 的标准。也就是说，FHS 的重点在于规范每个特定的目录下应该要放置什么样的数据而已。这样做好处非常多，因为 Linux 操作系统就能够在既有的面貌下（目录架构不变）发展出开发者想要的独特风格。

　　事实上，FHS 是根据过去的经验一直在持续地改版，它依据文件系统使用的频繁与否以及是否允许使用者随意更动，将目录定义成为 4 种交互作用的形态，见表 3-1。

表 3-1　4 种交互作用

	可分享的（Shareable）	不可分享的（Unshareable）
不变的（Static）	/usr（软件放置处）	/etc（配置文件）
	/opt（第三方软件）	/boot（开机与核心文件）
可变动的（Variable）	/var/mail（使用者邮件信箱）	/var/run（程序相关）
	/var/spool/news（新闻组）	/var/lock（程序相关）

　　1）可分享的：可以分享给其他系统挂载使用的目录，包括执行文件与用户的邮件等数据，是能够分享给网络上其他主机挂载用的目录。

　　2）不可分享的：用户自己机器上面运作的设备文件或者是与程序有关的 Socket 文件等，由于仅与自身机器有关，所以不适合分享给其他主机了。

　　3）不变的：有些数据是不会经常变动的，如函数库、文件说明文件、系统管理员所管理的主机服务配置文件等。

　　4）可变动的：经常改变的数据，如登录文件、一般用户可自行收受的新闻组等。

　　事实上，FHS 针对目录树架构仅定义出如下 3 层目录下应该放置什么数据。

　　/：根目录，与开机系统有关。

　　/usr：即 UNIX Software Resource，与软件安装、执行有关。

　　/var：即 Variable，与系统运作过程有关。

　　2. 目录结构

　　根目录是整个系统最重要的一个目录，因为不但所有的目录都是由根目录衍生出来的，同时根目录也与开机、还原以及系统修复等动作有关。由于系统开机时需要特定的开机软件、核心文件以及开机所需程序等文件，若系统出现错误时，根目录也必须要包含有能够修复文件系统的程序才行。因为根目录是如此重要，但 FHS 要求根目录不要放在非常大的分区，因为越大的分区内会放入越多的数据，如此一来根目录所在分区就可能会有较多发生错误的机会。

　　因此 FHS 标准建议：根目录（/）所在分区应该越小越好，且应用程序所安装的软件最好不要与根目录放在同一个分区内，保持根目录越小越好。如此不但效果较佳，根目录所在的文件系统也不容易发生问题。可以说，根目录和 Windows 系统的 C 盘具有相同的作用。

　　根据以上原因，FHS 认为根目录（/）下应该包含表 3-2 中的子目录。

表 3-2　根目录（/）下的子目录

目　录	应放置文件内容
/bin	系统有很多放置执行文件的目录，但/bin 比较特殊。因为/bin 放置的是在单机维护模式下还能够被操作的命令。在/bin 底下的命令可以被 root 与一般账号所使用，主要有 cat、chmod（修改权限）、chown、ate、mv、mkdir、cp、bash 等常用的命令
/boot	主要放置开机会使用到的文件，包括 Linux 核心文件以及开机选单与开机所需配置文件等。Linux Kernel 常用的文件名为 vmlinuz，如果使用的是 grub 这个开机管理程序，则还会存在/boot/grub 这个目录
/dev	在 Linux 系统上，任何外围设备都是以文件的形态存在于这个目录当中。只要通过存取这个目录下的某个文件，就等于存取某个设备。重要的文件有/dev/null、/dev/zero、/dev/tty、/dev/lp＊、/dev/hd＊、/dev/sd＊
/etc	系统主要的配置文件几乎都放置在这个目录内，如人员的账号密码文件、各种服务的启动文件等。一般来说，这个目录下的各文件属性是可以让一般使用者查看的，但是只有 root 有权限修改。建议不要放置可执行文件（binary）在这个目录中。比较重要的文件有/etc/inittab、/etc/init. d、/etc/modprobe. conf、/etc/X11、/etc/fstab、/etc/sysconfig 等。另外，其下重要的目录还有以下几个。/etc/init. d：所有服务的预设启动 Script 都是放在这里的，例如要启动或者关闭 iptables 的/etc/init. d/iptables start、/etc/init. d/iptables stop。/etc/xinetd. d：这就是所谓的 super daemon 管理的各项服务的配置文件目录。/etc/X11：与 X Window 有关的各种配置文件都在这里，尤其是 xorg. conf 或 XF86Config 这两个 X Server 的配置文件
/home	系统预设的使用者主目录。新增一个一般使用者账号时，预设的使用者主目录都会规范到这里来。需要注意的是，主目录有两种代号，"～"代表当前使用者的主目录，而"～guest"则代表用户名为 guest 的主目录
/lib	系统的函数库文件非常多，而/lib 放置的则是在开机时会用到的函数库，以及在/bin 或/sbin底下的命令会呼叫的函数库。什么是函数库呢？可以想成是外挂，某些命令必须要有这些外挂才能够顺利完成程序的执行。尤其重要的是/lib/modules 这个目录，因为该目录会放置核心相关的模块（驱动程序）
/media	/media 底下放置的是可移除的设备，包括软盘、光盘、DVD 等设备都暂时挂载于此。常见的文件名有/media/floppy、/media/cdrom 等
/mnt	如果想要暂时挂载某些额外的设备，一般建议可以放置到这个目录中，其用途与/media 几乎相同。有了/media 之后，这个目录就用来暂时挂载
/opt	给第三方软件放置的目录。所谓第三方软件，举例来说，KDE 桌面管理系统是一个独立的计划，不过可以安装到 Linux 系统中，因此 KDE 的软件就建议放置到此目录下。另外，如果想要自行安装额外的软件（非原本的 distribution 提供的），那么也能够将软件安装到这里
/root	系统管理员（root）的主目录。之所以放在这里，是因为如果进入单机维护模式而仅挂载根目录时，该目录就能够拥有 root 的主目录，所以 root 的主目录与根目录放置在同一个分区中

（续）

目 录	应放置文件内容
/sbin	Linux 有非常多的命令是用来配置系统环境的，这些命令只有 root 才能够利用来配置系统，其他使用者最多只能用来查询而已。放在/sbin 底下的为开机过程中所需要的，里面包括了开机、修复、还原系统所需要的命令。至于某些服务器软件程序，一般则放置到/usr/sbin 当中。至于本机自行安装的软件所产生的系统执行文件（system binary），则放置到/usr/local/sbin 当中。常见的命令包括 fdisk、fsck、ifconfig、init、mkfs 等
/srv	srv 可以视为 service 的缩写，是一些网路服务启动之后，这些服务所需要取用的资料目录。常见的服务如 WWW、FTP 等。举例来说，WWW 服务器需要的网页资料就可以放置在/srv/www 里面
/tmp	让一般使用者或者是正在执行的程序暂时放置文件的地方。这个目录是任何人都能够存取的，所以需要定期的清理一下。当然，重要资料不可放置在此目录。建议在开机时，应该要将/tmp 下的资料都删除

事实上针对根目录所定义的标准就仅限于上表，不过仍旧有些目录也需要了解一下，具体见表 3-3。

表 3-3　其他重要目录

目 录	应放置文件内容
/lost + found	这个目录是使用标准的 ext2/ext3 文件系统格式才会产生的一个目录，目的在于当文件系统发生错误时，将一些遗失的片段放置到这个目录下。这个目录通常会在新分区的最顶层存在，如加装一个硬盘于/disk 中，那在这个系统下就会自动产生一个这样的目录/disk/lost + found
/proc	这个目录本身是一个虚拟文件系统，放置的资料都是在内存当中，如系统核心、进程信息、周边设备的状态及网络状态等。因为这个目录下的资料都是在内存当中，所以本身不占任何硬盘空间。比较重要的文件（目录）有/proc/cpuinfo、/proc/dma、/proc/interrupts、/proc/ioports、/proc/net/ * 等
/sys	这个目录其实跟/proc 非常类似，也是一个虚拟的文件系统，主要也是记录与内核相关的信息，包括目前已载入的核心模块与侦测到的硬件设备信息等。这个目录同样不占硬盘容量

除了上述目录之外，因为根目录与开机有关，开机过程中仅有根目录会被挂载，其他分区则是在开机完成之后才会陆续进行挂载，因此根目录下与开机过程有关的目录，就不能够与根目录放到不同的分区去。不可与根目录分开的目录包含如下几个。

/etc：配置文件。

/bin：重要执行文件。

/dev：所需要的设备文件。

/lib：执行文件所需的函数库与核心所需的模块。

/sbin：重要的系统执行文件。

3. 目录树

在 Linux 中，所有的文件与目录都是由根目录（/）开始的，它是所有目录与文件的源头，然后再一个个分支下来，因此，整个目录结构称为目录树（Directory Tree）。

目录树的起始点为根目录，每一个目录不止能使用本地的文件系统，也可以使用网络上的文件系统。举例来说，可以利用 NFS（Network File System）服务器挂载某特定目录等，每一个文件在此目录树中的文件名（包含完整路径）都是独一无二的。

如果将整个目录树以图的方法来显示，并且将较为重要的文件数据列出来，则其结构如图 3-1 所示。

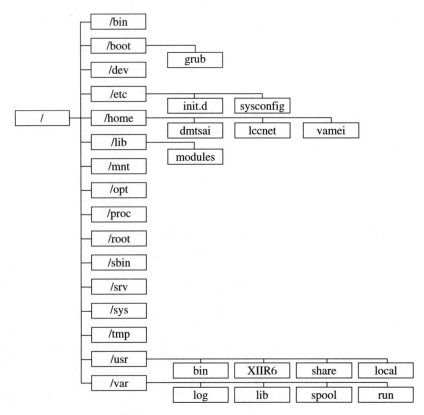

图 3-1　目录树结构

工作任务 2　管理文件和目录

【任务描述】

为了将数据长久保存，常把数据存储在光盘或硬盘中。根据需要，要将数据分开保存到文件中。但如果数据只能组织为文件而不能分类存放的话，文件还是会杂乱无章，而每次搜索某个文件，就要一个文件一个文件地检查，非常麻烦。文件系统就是文件在逻辑上的组织形式，它以一种更加清晰的方式来存放各个文件。

【知识准备】

1. 路径与文件

Linux 有一个根目录（/），也就是树结构的最顶端。这个树的分叉的最末端都代表一个文件，而这个树的分叉处则是一个目录（相当于 Windows 界面中看到的文件夹）。在图 3-1 中看到的是整个的一个文件树。如果从该树中截取一部分，比如说从目录/home 开始往下，实际上也构成一个文件系统。

要找到一个文件，除了要知道该文件的文件名，还需要知道从树根到该文件的所有目录名。从根目录开始的所有途径的目录名和文件名构成一个路径（Path）。比如，Linux 中寻找一个文件 file. txt，不仅要知道文件名，还要知道完整路径，也就是绝对路径（/home/vamei/doc/file. txt）。从根目录（/），也就是树状结构的最顶端出发，依次经过目录 home、vamei、doc，最终才找到文件 file. txt。整个文件系统层层分级，vamei 是 home 的子目录，而 home 是 vamei 的父目录。

在 Linux 系统中，用 ls 命令来显示目录下的所有文件，比如 ls /home/vamei/doc。在 Linux 系统中，目录也是一种文件，所以/home/vamei 是指向目录文件 vamei 的绝对路径。

由于在每个目录中都有 "." 和 ".." 的内容，因此可以在路径中加入 "." 或者 ".."来表示当前目录或者父目录，比如/home/vamei/doc/.. 与/home/vamei 等同。

此外，Linux 会在进程中，维护一个工作目录的变量。在 Shell 中，可以随时查询到工作目录（在命令行输入 "pwd"），这样可以避免每次都输入很长的绝对路径。比如将工作目录更改为/home/vamei（在命令行输入 "cd /home/vamei"），那么此时再去找 file. txt 就可以省去/home/vamei/部分，直接写 doc/file. txt，这样得到的路径叫作相对路径。

当文件出现在一个目录文件中时，就把文件接入到文件系统中，称为建立一个到文件的硬链接。一个文件允许出现在多个目录中，这样，它就有多个硬链接。当硬链接的数目降为 0 时，文件会被删除。由于软链接的广泛使用，现在较少手动建立硬连接。

2. 文件操作

对于文件，可以读取（Read）、写入（Write）和运行（Execute）。读取是从已经存在的文件中获得数据。写入是向新的文件或者旧的文件写入数据。如果文件储存的是可执行的二进制码，那么它可以被载入内存，作为一个程序运行。在 Linux 的文件系统中，如果某个用户想对某个文件执行某一种操作，那么该用户必须拥有对该文件进行这一操作的权限。文件操作命令见表 3-4。

表 3-4　文件操作命令

命　令	功　能	命　令	功　能
pwd	显示当前目录	touch	创建文件
cd	改变所在目录	cp	复制文件
ls	查看目录下的内容	mv	移动文件
cat	显示文件的内容	rm	删除文件
grep	在文件中查找某字符	rmdir	删除目录

（1）pwd 命令

pwd 命令的英文解释为 Print Working Directory（打印工作目录）。输入 pwd 命令，Linux 会显示当前目录的绝对路径。

（2）cd 命令

cd 命令用来改变所在目录，例如：

```
cd /       //转到根目录中
cd ~       //转到/home/user 用户目录下
```

```
cd /usr    //转到根目录下的 usr 目录中(绝对路径)
cd test    //转到当前目录下的 test 子目录中(相对路径)
```

(3) ls 命令

ls 命令用来查看目录的内容,参数见表 3-5。

表 3-5　ls 命令参数

参　数	含　义
-a	列举目录中的全部文件,包括隐藏文件
-l	列举目录中的细节包括权限、所有者、组群、大小、创建日期、文件是否是链接等
-f	列举的文件显示文件类型
-r	逆向,从后向前列举目录中内容
-R	递归,该选项递归地列举当前目录下所有子目录内的内容
-s	大小,按文件大小排序
-h	以可读的方式显示文件的大小,如用 K、M、G 作单位

例如:

```
ls -l 1.txt                //列举文件 1.txt 的所有信息
```

(4) cat 命令

cat 命令可以用来合并文件,也可以用来在屏幕上显示整个文件的内容。例如:

```
cat 1.txt                  //显示文件 1.txt 的内容
```

注意: 按"Ctrl + D"组合键可以退出 cat。

(5) grep 命令

grep 命令的最大功能是在一堆文件中查找一个特定的字符串。例如:

```
#grep money test.txt       //在 test.txt 中查找字符串 money
```

注意: 用 grep 命令查找是区分大小写的。

(6) touch 命令

touch 命令用来创建新文件,可以在其中添加文本和数据。例如:

```
touch newfile              //创建一个名为 newfile 的空白文件
```

(7) cp 命令

cp 命令用来复制文件,参数见表 3-6。

表 3-6　cp 命令参数

参　数	含　义
-i	互动:如果文件将覆盖目标中的文件,会提示确认
-r	递归:复制整个目录树、子目录以及其他
-v	详细:显示文件的复制进度

例如：

cp t.txt Document /t　　　　//把文件 t.txt 复制到 Document 目录中,并命名为 t

（8）mv 命令

mv 命令用来移动文件,参数见表 3-7。

表 3-7　mv 命令参数

参　　数	说　　明
-i	互动：如果选择的文件会覆盖目标中的文件,会提示确认
-f	强制：超越互动模式,不提示地移动文件,属于很危险的选项
-v	详细：显示文件的移动进度

例如：

mv t.txt Document　　　　//把文件 t.txt 移动到 Document 目录中

（9）rm 命令

rm 命令用来删除文件,参数见表 3-8。

表 3-8　rm 命令参数

选　　项	说　　明
-i	互动：提示确认删除
-f	强制：代替互动模式,不提示确认删除
-v	详细：显示文件的删除进度
-r	递归：删除某个目录以及其中所有的文件和子目录

例如：

rm t.txt　　　　　　　　//删除文件 t.txt

（10）rmdir 命令

rmdir 命令用来删除目录。

3. 文件系统

（1）Linux 的文件系统

Windows 的系统格式化硬盘时会指定格式为 FAT 或者 NTFS,而 Linux 的文件系统格式为 Ext2、Ext3 或 Ext4。早期的 Linux 使用 Ext2 格式,目前的 Linux 都使用 Ext4 格式。Ext2 文件系统虽然是高效稳定的,但是随着 Linux 系统在关键业务中的应用,Linux 文件系统的弱点也渐渐显露出来。因为 Ext2 文件系统是非日志文件系统,这在关键行业的应用是一个致命的弱点。Ext3 文件系统是直接从 Ext2 文件系统发展而来,其带有日志功能,可以跟踪记录文件系统的变化,并将变化内容写入日志。写操作首先是对日志记录文件进行操作,若整个写操作由于某种原因（如系统掉电）而中断,系统重启时,会根据日志记录来恢复中断前的写操作,而且这个过程费时极短。Ext3 文件系统是非常稳定可靠的,它完全兼容 Ext2 文件系统,使用户可以平滑地过渡到一个日志功能健全的文件系统中。这实际上了也是 Ext3 日志文件系统初始设计的初衷。

Linux Kernel 自 2.6.28 开始正式支持新的文件系统 Ext4。Ext4 是 Ext3 的改进版,修改了

Ext3 中部分重要的数据结构，而不仅仅像 Ext3 对 Ext2 那样，只是增加了一个日志功能而已。Ext4 可以提供更佳的性能和可靠性，还有更为丰富的功能。

Linux 文件系统在 Windows 中是不能识别的，但是在 Linux 系统中可以挂载 Windows 的文件系统，Linux 目前支持 MS – DOS、VFAT、FAT、BSD 等格式。如果使用的是 RedHat 或者 CentOS，那么不要妄图挂载 NFS 格式的文件到 Linux 下，因为它不支持 NFS。虽然有些版本的 Linux 支持 NFS，但不建议使用，因为目前的技术还不成熟。

Ext4 文件系统为 RedHat/CentOS 默认使用的文件系统，除了 Ext4 文件系统外，有些 Linux 发行版如 SUSE 默认的文件系统为 ReiserFS。Ext4 独特的优点就是易于转换，而具有良好的兼容性，其他优点 ReiserFS 都有，而且还比它做得更好，如高效的磁盘空间利用和独特的搜寻方式都是 Ext4 所不具备的，速度上它也不能和 ReiserFS 相媲美。在实际使用过程中，ReiserFS 也更加安全高效。ReiserFS 也有缺点，就是每升级一个版本，都要将磁盘重新格式化一次。

（2）Linux 文件类型

在 Linux 文件系统中，主要有以下几种类型的文件。

1）普通文件（Regular File）：就是一般类型的文件，当用 ls – l 命令查看某个目录时，第一个属性为"–"的文件就是普通文件。又可分成纯文本文件和二进制文件，纯文本文件是可以通过 cat、more、less 等命令直接查看内容的，而二进制文件不能。例如，常用的命令文件/bin/ls 就是一个二进制文件。

2）目录（Directory）：用 ls –l 命令查看第一个属性为"d"的文件，跟 Windows 下的文件夹相同，不过在 Linux 中不叫文件夹，而叫作目录。

3）连接文件（Link）：用 ls –l 命令查看第一个属性为"l"的文件，类似 Windows 下的快捷方式。这种文件在 Linux 中很常见。

4）设备文件（Device）：与系统周边相关的一些文件，通常都集中在/dev 目录下。通常又分为两种：块（Block）设备文件，就是一些储存数据，以提供系统存取的接口设备，如第一块硬盘记作/dev/had，第一个属性为"b"；字符（Character）设备文件，是一些串行端口的接口设备，如键盘、鼠标等，第一个属性为"c"。

（3）Linux 文件扩展名

Linux 系统中，文件的扩展名并没有具体意义。但是为了容易区分，Linux 用户都习惯给文件加一个扩展名，这样当看到这个文件名时就会很快想到它到底是一个什么文件，如 1. sh、2. tar. gz、my. conf、test. zip 等。其中，sh 代表它是一个 Shell 脚本文件，gz 代表它是一个压缩包，conf 代表它是一个配置文件，zip 代表它是一个压缩文件。

工作任务3　管理外部储存器

【知识准备】

大部分的 Linux 文件系统规定，一个文件由以下 3 部分组成。

1）目录项：包括文件名和 inode 的节点号。

2）inode：又称文件索引节点，包含文件的基础信息以及数据块的指针。

3）数据块：包含文件的具体内容。

文件储存在硬盘上，硬盘的最小存储单位叫作扇区（Sector），每个扇区储存 512 个字节。操作系统读取硬盘的时候，不会一个扇区一个扇区地读取，这样效率太低，而是一次性连续读取多个扇区，即一次性读取一个块（Block）。这种由多个扇区组成的块，是文件存取的最小单位。块的大小，最常见的是4KB，即连续 8 个扇区组成一个块。

文件数据都储存在块中，还必须有一个地方储存文件的元信息，比如文件的创建者、文件的创建日期、文件的大小等。这种储存文件元信息的区域就叫作 inode，即索引节点。

inode 包含文件的元信息，具体来说有以下内容：

1）文件的字节数。

2）文件拥有者的 User ID。

3）文件的 Group ID。

4）文件的读、写、执行权限。

5）文件的时间戳，共有 3 个：ctime 指 inode 上一次变动的时间；mtime 指文件内容上一次变动的时间；atime 指文件上一次打开的时间。

6）链接数，即有多少文件名指向这个 inode。

7）文件数据 Block 的位置。

可以用 stat 命令查看某个文件的 inode 信息，例如：

```
# stat demo.txt
```

除了文件名以外的所有文件信息，都存在 inode 之中。当查看某个文件时，会先从 inode 表中查出文件属性及数据存放点，再从数据块中读取数据。文件存储结构如图 3-2 所示。

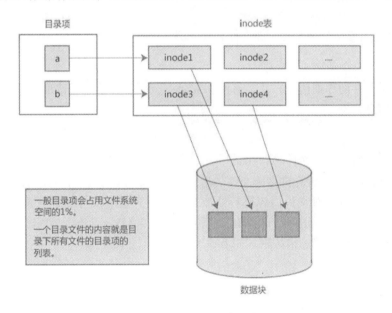

图 3-2   文件存储结构示意图

inode 也会消耗硬盘空间，所以硬盘格式化的时候，操作系统自动将硬盘分成两个区域。一个是数据区，存放文件数据；另一个是 inode 区（inode Table），存放 inode 所包含的信息。

每个 inode 的大小一般是 128 个字节或 256 个字节。inode 的总数在格式化时给定，一般是每 1KB 或每 2KB 就配置一个 inode。假定在一块 1GB 的硬盘中，每个 inode 的大小为 128 个字节，每 1KB 就配置一个 inode，那么 inode Table 的大小就会达到 128MB，占整块硬盘的 12.8%。

查看每个硬盘分区的 inode 总数和已经使用的数量，可以使用 df –i 命令。

查看每个 inode 的大小，可以用如下命令：

```
sudo dumpe2fs -h /dev/hda | grep "inode size"
```

由于每个文件都必须有一个 inode，因此有可能发生 inode 已经用光，但是硬盘还未存满的情况。这时，就无法在硬盘上创建新文件。

每个 inode 都有一个号码，操作系统用 inode 号码来识别不同的文件。这里需要重复一遍，Linux 系统内部不使用文件名，而使用 inode 号码来识别文件。对于系统来说，文件名只是 inode 号码便于识别的别称或者绰号。表面上，用户通过文件名打开文件。实际上，系统内部这个过程分成 3 步：首先，系统找到这个文件名对应的 inode 号码；其次，通过 inode 号码，获取 inode 信息；最后，根据 inode 信息，找到文件数据所在的 Block，读出数据。

使用 ls -i 命令可以看到文件名对应的 inode 号码，例如：

```
# ls -i demo.txt
```

在 Linux 系统中，目录（Directory）也是一种文件。打开目录，实际上就是打开目录文件。目录文件的结构非常简单，就是一系列目录项（Dirent）的列表。每个目录项由两部分组成：所包含文件的文件名，以及该文件名对应的 inode 号码。

ls 命令只列出目录文件中的所有文件名，例如：

```
ls /etc
```

ls -i 命令列出整个目录文件，即文件名和 inode 号码，例如：

```
ls -i /etc
```

如果要查看文件的详细信息，就必须根据 inode 号码访问 inode，读取信息。ls -l 命令列出文件的详细信息，例如：

```
ls -l /etc
```

硬链接：一般情况下，文件名和 inode 号码是"一一对应"关系，每个 inode 号码对应一个文件名。但是，Linux 系统允许多个文件名指向同一个 inode 号码。这意味着，可以用不同的文件名访问同样的内容；对文件内容进行修改，会影响到所有文件名；但是，删除一个文件名，不影响另一个文件名的访问。这种情况就称为硬链接（Hard Link）。

ln 命令可以创建硬链接，语法格式如下：

```
ln 源文件 链接名
```

运行上面这条命令以后，源文件与目标文件的 inode 号码相同，都指向同一个 inode。inode 信息中有一项叫作链接数，记录指向该 inode 的文件名总数，这时就会增加 1。反过来，删除一个文件名，就会使得 inode 中的链接数减 1。当这个值减到 0，表明没有文件名指向这个 inode，系统就会回收这个 inode 号码，以及其所对应 Block 区域。

创建目录时，默认会生成两个目录项："."和".."。前者的 inode 号码就是当前目录的 inode 号码，等同于当前目录的硬链接；后者的 inode 号码就是当前目录的父目录的 inode 号码，等同于父目录的硬链接。所以，任何一个目录的硬链接总数，总是等于 2 加上它的子目录总数（含隐藏目录），这里的 2 是父目录对其的硬链接和当前目录下的硬链接。

软链接：除了硬链接以外，还有一种特殊情况。文件 A 和文件 B 的 inode 号码虽然不一样，但是文件 A 的内容是文件 B 的路径。读取文件 A 时，系统会自动将访问者导向文件 B。因此，无论打开哪一个文件，最终读取的都是文件 B。这时，文件 A 就称为文件 B 的软链接或者符号链接。这意味着，文件 A 依赖于文件 B 而存在，如果删除了文件 B，打开文件 A 就会报错"No such file or directory"。这是软链接与硬链接最大的不同：文件 A 指向文件 B 的文件名，而不是文件 B 的 inode 号码，文件 B 的 inode 链接数不会因此发生变化。

ln -s 命令可以创建软链接，语法格式如下：

ln -s 源文件 链接名

1. proc 文件系统

1）proc 文件系统：内核映像，该目录中的文件是存放在系统内存里的。它以文件系统的方式为访问系统内核数据的操作提供接口。用户和应用程序可以通过 proc 得到系统的信息，并可以改变内核的某些参数。

2）cpuinfo 文件：保存了 CPU 的基本信息，如类型、制造商、型号和性能等。

3）devices 文件：保存当前运行的核心配置的设备驱动的列表，包括字符设备和块设备。

4）filesystems 文件：保存了内核支持的文件系统的列表。

5）interrupts 文件：显示当前系统设备使用中断的列表，这在设备冲突的诊断中十分有用。

6）meminfo 文件：显示存储器使用信息的列表，包括物理内存和虚拟内存 Swap。

7）modules 文件：显示当前内核加载的模块的列表，当用户安装了一个新的模块后，可以通过该文件查看模块是否被内核正确加载。

8）version 文件：显示当前系统内核的版本信息，其实 uname -r 命令显示的信息就是从该文件中读取的。

9）uptime 文件：显示当前系统开机运转到现在经过的时间，其实 uptime 命令的信息就是从该文件获取的。

10）net 目录：保存着系统网络协议状态信息，存取该目录下的文件可以监视网络连接。

2. 分区工具

进入分区界面命令为"fdisk 硬盘名称"，如 fdisk /dev/sda。进入 fdisk 的主界面后，系统会提示键入"m"以获取帮助。fdisk 命令各参数及功能见表 3-9。

表 3-9　fdisk 命令各参数及功能

参　数	功　能
a	将某个分区配置文活动分区
b	编辑某个分区为 BSD 分区
c	配置某个分区为 DOS 兼容分区
d	删除某个分区
l	列出 Linux 支持所有分区
m	显示帮助信息
n	新建一个分区
o	新建一个空的 DOS 分区表
p	打印（显示）分区表
q	退出 fdisk 但不保存配置

（续）

参　数	功　能
s	新建一个空的 SUN 分区
t	修改分区文件系统的类型 ID
u	修改分区大小的显示方式
v	校验分区表
w	退出 fdisk 并保存配置
x	使用额外的专家级功能

创建分区：新建分区可以使用 n 命令。需要注意的是，每个硬盘上只能有 4 个主分区（无扩展分区）。如果想有 4 个以上分区，可以创建 3 个主分区及 1 个扩展分区，在扩展分区内可以建立多个逻辑分区，逻辑分区没有数量的限制。

3. 分区格式化

Linux 常用分区格式化命令有 mkfs、mkfs. ext2、mkfs. ext3、mkfs. ext4、mke2fs 及 mke4fs 等。例如：

```
mkfs -t {ext2,ext3} -l label -m 6 /dev/sda1
mkfs.ext4 -l label -m 6 -b 2048 -I 4096 /dev/sda1
mke2fs -l label -m 5 -b 2048 -i 4096 -j /dev/sda1     //-j 生成 ext3 日志节点和
文件系统,-m 指定文件系统保留的百分比,-i 指定 inode 大小
mke4fs -l label -t {ext2,ext3,ext4} -m 6 /dev/sdb2
```

单元实训

【实训步骤】

1. 创建目录

1）以普通用户身份登录系统后，进入用户的主目录。

2）执行命令 mkdir mydoc/doc1/doc2，系统提示 mydoc/doc1/doc2 不存在。

3）执行命令 mkdir mydoc 创建目录 mydoc，然后用 ls 命令显示当前目录下 mydoc 目录是否存在。

4）执行命令 mkdir -p mydoc/doc1/doc2。

5）使用 cd 命令进入到 mydoc/doc1/doc2 目录下，用 ls 命令显示当前目录下的文件。

2. 复制和删除文件

1）在用户主目录下用 touch 命令新建文件 mydoc，执行命令 cp /usr/doc/fAQ/txt doc2，系统提示不能复制目录。

2）执行命令 cp -rf /usr/doc/FAQ/txtdoc2，用 ls 命令显示 mydoc/doc1/doc2 目录下复制的文件，是 txt 目录。

3）用 mv 命令移动 txt 目录下的几个文件到 mydoc1/doc1 目录下面。用 ls 命令验证文件确实被移走了。

4）使用 rm -i mydoc/doc1/* 命令删除文件，之后用 ls 命令显示 mydoc/doc1 目录下面的

文件，发现只有 doc2 目录依旧存在。

　　5）复制 mydoc 目录到根目录下，重命名为 test，执行命令 cp mydoc /test。

【思考题】

　　1）一个文件系统能否管理两个以上物理硬盘？

　　2）对文件的主要操作内容是什么？它的系统调用内容是什么？

　　3）什么是文件和文件系统？文件系统有哪些功能？

　　4）从用户观点看，UNIX 或 Linux 操作系统将文件分为 3 类：普通文件、目录文件和特殊文件，它们有什么区别？

　　5）什么是文件目录？文件目录中一般包含哪些内容？

单元 4 管理用户组和权限

学习目标

1）了解用户和组群配置文件。
2）熟练掌握 Linux 中用户的创建与维护管理。
3）熟练掌握 Linux 中组群的创建与维护管理。
4）熟悉用户账户管理器的使用方法。

情境设置

【情境描述】

Linux 是多用户多任务的网络操作系统，小明作为这个系统的管理人员，不但要掌握系统的操作知识，掌握用户和组的创建与管理也至关重要。下面就跟随小明一起学习如何利用命令行和图形工具对用户和组群进行创建与管理。

【问题提出】

1）如何创建与管理用户账户？
2）如何创建与管理用户组？
3）如何管理访问权限？

工作任务

工作任务 1　创建与管理用户账号

【知识准备】

1. 用户管理

Linux 是一个多用户多任务的分时操作系统，要想进入系统，必须有一个账号。用户的账号一方面可以帮助系统管理员对使用系统的用户进行跟踪，并控制他们对系统资源的访问；另一方面也可以帮助用户组织文件，并为用户提供安全性保护。每个用户账号都拥有一个唯一的用户名和各自的密码。用户在登录时键入正确的用户名和密码后，就能够进入系统和自己的主目录。

实现用户账号的管理，要完成的工作主要有如下几个方面：

1）用户账号的添加、删除与修改。
2）用户密码的管理。
3）用户组的管理。

用户账号的管理工作主要涉及用户账号的添加、修改和删除。添加用户账号就是在系统中创建一个新账号，然后为新账号分配用户号、用户组、主目录和登录 Shell 等资源。刚添加的账号是被锁定的，无法使用，必须用 passwd 命令设置密码后方可激活。

（1）添加用户

命令格式如下：

usseradd 参数 用户名

　-c：指定一段注释性描述。

　-d：指定用户主目录，如果此目录不存在，则同时使用 -m 参数，可以创建主目录。

　-g：指定用户所属的用户组。

　-G：用户组指定用户所属的附加组。

　-s：指定用户的登录 Shell。

　-u：指定用户的用户号，如果同时有 -o 参数，则可以重复使用其他用户的标识号。

增加用户账号就是在 /etc/passwd 文件中为新用户增加一条记录，同时更新其他系统文件如 /etc/shadow、/etc/group 等。例如：

#useradd - s /bin /sh - g op - G adm, root - c "newuser" - d /home /public - m - u 100Jack　　//添加用户 Jack,创建用户主目录 /home /public,用户 ID 为 100,用户所属组为 op,用户所属的附加组为 adm 和 root,用户登录 Shell 为 /bin /sh

（2）删除用户

如果一个用户的账号不再使用，可以从系统中删除。删除用户账号就是要将 /etc/passwd 等系统文件中的该用户记录删除，必要时还删除用户的主目录。删除一个已有的用户账号使用 userdel 命令，其格式如下：

userdel 参数 用户名

常用的参数是 -r，它的作用是把用户的主目录一起删除。例如：

userdel - r Jack　　//此命令删除用户 Jack 在系统文件中(主要是 /etc /passwd、etc /shadow 及 /etc /group 等)的记录,同时删除用户的主目录

（3）修改账号

修改用户账号就是根据实际情况更改用户的有关属性，如用户号、主目录、用户组、登录 Shell 等。命令格式如下：

usermod 参数 用户名

常用的参数包括 -c、-d、-m、-g、-G、-s、-u 以及 -o 等，其意义与 useradd 命令中的一样，可以为用户指定新的属性值。

　-l：指定一个新的账号，即将原来的用户名改为新的用户名。

2. 用户密码管理

用户管理的一项重要内容是用户密码的管理。用户账号刚创建时没有密码，但是被系统锁定，无法使用，必须为其指定密码后才可以使用，即使是指定空密码。

指定和修改用户密码的 Shell 命令是 passwd。超级用户可以为自己和其他用户指定密码，普通用户只能用它修改自己的密码。命令格式如下：

passwd 参数 用户名

-l：锁定密码，即禁用账号。

-u：密码解锁。

-d：使账号无密码。

-f：强迫用户下次登录时修改密码。如果是默认用户名，则修改当前用户的密码。

工作任务 2　Linux 用户组管理

【任务描述】

每个用户都有一个用户组，系统可以对一个用户组中的所有用户进行集中管理。不同 Linux 系统对用户组的规定有所不同。如果 Linux 中的用户属于与它同名的用户组，这个用户组在创建用户时同时创建。

用户组的管理涉及用户组的添加、删除和修改。组的增加、删除和修改实际上就是对/etc/group 文件的更新。

【知识准备】

（1）添加一个用户组

命令格式如下：

`groupadd 参数 用户组`

-g：指定新用户组的组标识号（GID），一般与 -o 参数同时使用，表示新用户组的 GID 可以与系统已有用户组的 GID 相同。

（2）删除用户组

命令格式如下：

`groupdel 用户组`

（3）修改用户组属性

命令格式如下：

`groupmod 参数 用户组`

-g：为用户组指定新的组标识号，与 -o 参数同时使用，表示用户组的新 GID 可以与系统已有用户组的 GID 相同。

-n：将用户组的名字改为新名字。

如果一个用户同时属于多个用户组，那么用户可以在用户组之间切换，以便具有其他用户组的权限。用户可以在登录后，使用 newgrp 命令切换到其他用户组，这个命令的参数就是目的用户组。

工作任务 3　文件管理

【知识准备】

当创建一个文件的时候，系统保存了有关该文件的全部信息，包括文件位置、文件类型、文件长度、哪位用户拥有该文件以及哪些用户可以访问该文件、inode、文件的修改时间、文件的权限位。

例如，用 ls -l 命令查看该目录下文件的属性，命令如下：

```
#ls -l
总用量36
-rw-r--r-- 1 root root 34890  10月19日  20:16 temp
```

总用量 36：是 ls 命令所列出的入口占用空间的字节数（以 K 为单位）。

1：该文件硬链接的数目。

第一个 root：文件属主。

第二个 root：文件属组（一般是文件属主所在的默认组）。

34890：用字节来表示的文件长度。

10 月 19 日 20：16：文件的更新时间。

temp：文件名。

-rw-r--r--：该文件的权限位。其中，第一个横杠指定文件类型，表示该文件是一个普通文件（所创建的文件绝大多数都是普通文件或符号链接文件）。除去第一个横杠，一共是 9 个字符，分别对应 9 个权限位。通过这些权限位，可以设定用户对文件的访问权限。对这两个文件的精确解释如下。

rw-：前三位，文件属主可读、写；r--：中间三位，组用户可读；r--：最后三位，其他用户只可读。

在创建的时候并未给属主赋予执行权限，在用户创建文件时，系统不会自动设置执行权限位，这是出于加强系统安全的考虑。

前面提到的第一条横杠，表示该文件是普通文件型。文件类型有 7 种，可以从 ls -l 命令所列出的结果的第一位看出，分别是：d，表示目录；l，表示符号链接（指向另一个文件）；s，表示套接字文件；b，表示块设备文件；c，表示字符设备文件；p，表示命名管道文件；-，表示普通文件。

文件的权限位中每一组字符中含有 3 个权限位：r，读权限；w，写/更改权限；x，执行该脚本或程序的权限。

【任务实施】

1．使用 chmod 改变权限位

（1）符号模式

chmod 命令的一般格式如下：

```
chmod [who] operator [permission] filename
```

1）who 的含义：u，文件属主权限；g，属组用户权限；o，其他用户权限；a，所有用户（文件属主、属组用户及其他用户）。

2）operator 的含义：+，增加权限；-，取消权限；=，设定权限。

3）permission 的含义：r，读权限；w，写权限；x，执行权限；s，文件属主和组 set -ID；t，粘性位（见下段）；l，给文件加锁，使其他用户无法访问。

注意：在列文件或目录时，"t"代表了粘性位。如果在一个目录上出现"t"，这就意味着该目录中的文件只有其属主才可以删除，即使某个属组用户具有和属主同等的权限。不过有的系统在这一规则上并不十分严格。

（2）特殊权限

1）t 权限，粘性位。例如在/tmp 目录下，任何人都有读写执行权限，但不是任何人对里边的可写权限的文件就可以删除，粘性位的作用就是只有属主才有权删除自已的文件，当然，root 除外。

2）i 权限，不可修改权限。例如，chattr u + i aaa，则 aaa 文件就任何人都不能修改。

3）a 权限，是只追加权限，对于日志系统很好用。这个权限让目标文件只能追加，不能删除，而且不能通过编辑器追加。如果想要看某个文件是不是有这个权限，用"lsattr 文件名"命令。例如：

```
chmod a + x temp    //在 temp 上给所有用户执行权限
```

（3）绝对模式

文件属主：rwx：4 + 2 + 1；属组用户：rwx：4 + 2 + 1；其他用户：rwx：4 + 2 + 1。

temp 文件具有如下的权限：

rwxr--r--，写作数字形式为 744。

通过使用 – R 参数连同子目录下的文件一起设置：

```
chmod – R 664 /temp/*
```

（4）目录权限

目录的权限和文件有所不同。目录的读权限意味着可以列出其中的内容；写权限意味着可以在该目录中创建文件，如果不希望其他用户在你的目录中创建文件，可以取消相应的写权限；执行权限则意味着搜索和访问该目录。

2. suid/guid

（1）为什么要使用 suid 和 guid

例如有几个大型的数据库系统，对它们进行备份需要有系统管理权限。可以写几个脚本，并设置它们的 guid，这样就可以指定一些用户来执行这些脚本，从而能够完成相应的工作，而无须以数据库管理员的身份登录，以免不小心破坏数据库服务器。通过执行这些脚本，可以完成数据库备份及其他管理任务，但是在这些脚本运行结束之后，就又恢复到作为普通用户的权限。

（2）设置 suid/guid

设置 suid：将相应的权限位之前的那一位设置为 4；设置 guid：将相应的权限位之前的那一位设置为 2；两者都设置：将相应的权限位之前的那一位设置为 4 + 2 = 6。设置了这一位后 x 的位置将由 s 代替。

注意：在设置 suid 或 guid 的同时，相应的执行权限位必须要被设置。例如，如果希望设置 guid，那么必须要让该用户组具有执行权限。

如果想要对文件 login（它当前所具有的权限为 rwxrw-r--（741））设置 suid，可在使用 chmod 命令时在该权限数字的前面加上一个 4，即 chmod 4741，这将使该文件的权限变为 rwsrw -r-- 。

还可以使用符号方式来设置 suid/guid。如果某个文件具有权限 rwxr-xr-x，那么可以这样设置其 suid：

```
chmod u + s <文件名 >
```

于是该文件的权限将变为 rwsr-xr-x，它表示相应的执行权限位并未被设置，这是一种没有什么用处的 suid 设置，可以忽略它的存在。

注意：chmod 命令不进行必要的完整性检查，可以给某一个没用的文件赋予任何权限，但 chmod 命令并不会对所设置的权限组合做什么检查。因此，一个文件具有执行权限，但它不一定是一个程序或脚本文件。

3. chown 和 chgrp

创建一个文件时，创建者就是该文件的属主。一旦拥有某个文件，就可以改变它的所有权，把它的所有权交给另外一个/etc/passwd 文件中存在的合法用户。可以使用用户名或用户 ID 号来完成这一操作。

在改变一个文件的所有权时，相应的 suid 也将被清除，这是出于安全性的考虑。只有文件的属主和系统管理员可以改变文件的所有权。一旦将文件的所有权交给另外一个用户，就无法再重新收回它的所有权。如果真的需要这样做，就只有系统管理员可以做到。

命令格式如下：

chown 参数 文件名

-R：对所有子目录下的文件也都进行同样的操作。

-h：在改变符号链接文件的属主时不影响该链接所指向的目标文件。

例如：

```
#ls -l
drwxrwxr-x 2 sam sam 4096  10 月 26 日  19:48 sam
#chown gem sam
#ls -l
drwxrwxr-x 2 gem sam 4096  10 月 26 日  19:48 sam
```

chgrp 命令和 chown 命令的格式差不多。例如：

```
#ls -l
drwxrwxr-x 2 gem sam 4096  10 月 26 日  19:48 sam
#chgrp group sam
#ls -l
drwxrwxr-x 2 gem group 4096  10 月 26 日  19:48 sam
```

查询当前账户所属的用户，使用 id 命令。例如：

```
#id
uid=0(root)gid=0(root)groups=0(root),1(bin),2(daemon),3(sys),4(adm),6
(disk),10(wheel)
```

查看其他用户所用组，使用"id 用户名"命令。例如：

```
#id gem
uid=507(gem)gid=507(group)groups=507(group),0(root),4(adm)
```

单元实训

【实训步骤】

1）建立一个用户，将该用户命名为 st，密码为 123。

2）更改 root 用户密码为 456。

3）建立一个用户组 gst，将 st 用户划分到 gst 用户组内。

4）建立一个文件，并用 chmod 命令将该文件的权限设为 0777。

【思考题】

1. 存放用户账号的文件是（　　　）。

A. shadow　　　　　　B. group　　　　　　C. passwd　　　　　　D. gshadow

2. 已知某用户 User1，其用户目录为/home/User1。如果当前目录为/home，则进入目录 /home/User1/test 的命令是（　　　）。

A. cd test　　　　　　B. cd /User1/test　　C. cd User1/test　　　D. cd home

3. 在 Linux 系统中，用户组加密后的密码存储在（　　　）文件中。

A. /etc/passwd　　　B. /etc/shadow　　　C. /etc/group　　　D. /etc/shells

4. 要将用户添加到指定的用户组，应使用（　　　）命令来实现。

A. groupadd　　　　　B. groupmod　　　　C. gpasswd　　　　　D. groupuser

5. usermod 命令无法实现的操作是（　　　）。

A. 账户重命名　　　　　　　　　　　B. 删除指定的账户和对应的主目录

C. 加锁与解锁用户账户　　　　　　　D. 对用户密码进行加锁或解锁

单元 5 配置网络基本参数

学习目标 ◎

1）了解主机上网所需参数。
2）掌握 Linux 系统中网络参数的配置方法。
3）掌握在 Linux 系统中开启远程登录的方法。

情境设置 ◎

【情境描述】

公司需要在 Linux 系统上架设服务器，管理员小明首先需要对其进行基本网络参数配置，使其连接上 Internet。并且小明需要在出差期间，也能够对公司内部的服务器进行管理。

【问题提出】

1）基本网络参数有哪些？
2）配置网络参数的方法有几种？
3）小明出差期间，是否一定要回到服务器机房对其进行管理？

【实验环境】

在 VMware 中开 3 台虚拟机用来模拟一个局域网，如图 5-1 所示。1 台 Linux 系统虚拟机做服务器，1 台 Linux 系统及 1 台 Windows 系统虚拟机做测试用客户端，连网模式设为一致（即连在同一交换机）并且 IP 地址在同一地址段。或者在 VMware 中开两台 Linux 系统虚拟机，1 台做服务器，1 台做客户端，连网模式设为一致。Windows 系统的客户端可以用宿主系统来模拟，只须根据虚拟机的联网模式选择 Windows 下不同的网卡，将 IP 地址设在同一网段。

Linux Server   Windows Client   Linux Client

工作任务 ◎

工作任务 1 设置主机名

图 5-1 实验环境

【任务描述】

将服务器的主机名称设置为 network001。

【任务实施】

（1）方法 1：使用 hostname 命令设置主机名

例如，将本机当前主机名 localhost. localdomain 改为 network001，命令如下：

```
[root@ localhost ~]# hostname
localhost.localdomain
[root@ localhost ~]# hostname network001
[root@ network001 ~]# hostname
network001
```

该方法设置的主机名在系统重启后失效。

（2）方法 2：在配置文件中设置主机名

配置主机名的文件为/etc/sysconfig/network。内容显示如下：

```
[root@ localhost ~]# cat /etc/sysconfig/network
NETWORKING = yes
HOSTNAME = localhost.localdomain
```

将本机当前主机名 localhost. localdomain 改为 network001，修改该文件 HOSTNAME 配置项，将值改为需设定的值，更改后文件内容如下：

```
[root@ localhost ~]# vim /etc/sysconfig/network
HOSTNAME = network001
```

新的主机名会在系统重启，或用户注销后显示出来：

```
[root@ network001 ~]# hostname
network001
```

该方法设置的主机名永久生效。

工作任务 2　设置网络接口参数

【任务描述】

服务器 IP 地址取得方式为手动配置，管理员将服务器的 IP 地址设置为 192.168.1.100，子网掩码为 255.255.255.0，网关设为 192.168.1.254，DNS 为 202.102.224.68，备用 DNS 地址为 8.8.8.8，并且网卡开机自动激活。

【任务实施】

1. 设置 IP 地址

（1）方法 1：使用 ifconfig 命令临时配置网络参数

ifconfig 是一个传统的网络设置工具，主要作用有临时激活/关闭网络设备、临时更改网络参数、临时修改网卡的硬件地址（MAC 地址）。

1）查看网络信息。命令如下：

```
[root@ network001 ~]# ifconfig
eth0      Link encap:Ethernet HWaddr 00:0C:29:FE:BF:A5
          inet addr:192.168.2.1 Bcast:192.168.2.255 Mask:255.255.255.0
          inet6 addr: fe80::20c:29ff:fefe:bfa5/64 Scope:Link
          UP BROADCAST RUNNING MULTICAST MTU:1500 Metric:1
          RX packets:1687 errors:0 dropped:0 overruns:0 frame:0
          TX packets:1293 errors:0 dropped:0 overruns:0 carrier:0
          collisions:0 txqueuelen:1000
```

```
                  RX bytes:117381 (114.6 KiB) TX bytes:249823 (243.9 KiB)
                  Interrupt:19 Base address:0x2000

lo                Link encap:Local Loopback
                  inet addr:127.0.0.1  Mask:255.0.0.0
                  inet6 addr: ::1/128 Scope:Host
                  UP LOOPBACK RUNNING MTU:65536 Metric:1
                  RX packets:224 errors:0 dropped:0 overruns:0 frame:0
                  TX packets:224 errors:0 dropped:0 overruns:0 carrier:0
                  collisions:0 txqueuelen:0
                  RX bytes:17680 (17.2 KiB) TX bytes:17680 (17.2 KiB)
```

该命令显示系统中活动着的网络接口，lo 为回还地址接口，主要供主机测试本机网络协议是否安装用。当前物理网卡 eth0 的 IP 地址显示为 192.168.2.1。

2）修改 eth0 网络接口的 IP 地址及子网掩码。命令如下：

```
[root@ network001 ~]# ifconfig eth0 down
[root@ network001 ~]# ifconfig eth0 192.168.1.100 netmask 255.255.255.0
[root@ network001 ~]# ifconfig eth0
eth0              Link encap:Ethernet HWaddr 00:0C:29:FE:BF:A5
                  inet addr:192.168.1.100 Bcast:192.168.1.255 Mask:255.255.255.0
                  inet6 addr: fe80::20c:29ff:fefe:bfa5/64 Scope:Link
                  UP BROADCAST RUNNING MULTICAST MTU:1500 Metric:1
                  RX packets:1687 errors:0 dropped:0 overruns:0 frame:0
                  TX packets:1293 errors:0 dropped:0 overruns:0 carrier:0
                  collisions:0 txqueuelen:1000
                  RX bytes:117381 (114.6 KiB) TX bytes:249823 (243.9 KiB)
                  Interrupt:19 Base address:0x2000
```

3）测试。使用网络命令 ping，测试 Linux 系统与已经配置好 IP 地址（192.168.1.3/24）的 Windows 系统之间的连通性。命令如下：

```
[root@ network001 ~]# ping -c 3 192.168.1.3
PING 192.168.1.3 (192.168.1.3) 56(84) bytes of data.
64 bytes from 192.168.1.3: icmp_ seq=1 ttl=128 time=0.573 ms
64 bytes from 192.168.1.3: icmp_ seq=2 ttl=128 time=0.516 ms
64 bytes from 192.168.1.3: icmp_ seq=3 ttl=128 time=0.507 ms
--- 192.168.1.3 ping statistics ---
3 packets transmitted, 3 received, 0% packet loss, time 2008ms
rtt min/avg/max/mdev = 0.507/0.532/0.573/0.029 ms
```

以上结果显示两台主机在网络上可以通信，网络参数配置成功。

（2）方法2：通过修改文件配置网络

在 Linux 系统中，网络的配置参数都保存在相关的配置文件中，因此通过修改相应的文件就可以配置新的网络参数。IP 地址等网络参数配置文件在系统中的保存路径为/etc/sysconfig/network-scripts/ifcfg-eth0，可以使用 vim 编辑器编辑该文件，内容如下：

```
[root@ network001 ~]# vim /etc/sysconfig/network-scripts/ifcfg-eth0
```

```
DEVICE = eth0
HWADDR = 00:0C:29:FE:BF:A5
TYPE = Ethernet
UUID = bd63444c - 5bee - 4230 - 89b9 - 1c9cf349b560
ONBOOT = yes                          //开机自动激活该网卡
NM_ CONTROLLED = no
BOOTPROTO = static                    //设置 IP 地址取得方式
IPADDR = 192.168.1.100                //设置 IP 地址
PREFIX = 24                           //设置掩码
GATEWAY = 192.168.1.254               //设置网关
```

修改完成保存退出编辑器后，需对此网络接口进行重新激活，使网络配置生效：

```
[root@ network001 ~]# ifdown eth0
[root@ network001 ~]# ifup eth0
```

也可以采用重启网络的命令：

```
[root@ network001 ~]# service network restart
正在关闭接口 eth0：                                      ［确定］
关闭环回接口：                                           ［确定］
弹出环回接口：                                           ［确定］
弹出界面 eth0：Determining if ip address 192.168.1.100 is already in use for
device eth0...                                         ［确定］
```

使用网络命令 ping，测试 Linux 系统与已经配置好 IP 地址（192.168.1.3/24）的 Windows
客户机之间的连通性：

```
[root@ network001 ~]# ping - c 3 192.168.1.3
PING 192.168.1.3 (192.168.1.3) 56(84) bytes of data.
64 bytes from 192.168.1.3：icmp_ seq = 1 ttl = 128 time = 0.573 ms
64 bytes from 192.168.1.3：icmp_ seq = 2 ttl = 128 time = 0.516 ms
64 bytes from 192.168.1.3：icmp_ seq = 3 ttl = 128 time = 0.507 ms
- - - 192.168.1.3 ping statistics - - -
3 packets transmitted, 3 received, 0% packet loss, time 2008ms
rtt min/avg/max/mdev = 0.507/0.532/0.573/0.029 ms
```

2. 设置 DNS 指向

在 Linux 系统中，/etc/resolv. conf 文件为设定 DNS 指向的文件，它包含了 DNS 服务器 IP
地址，以及主机的域名搜索顺序，至多可配置 3 台 DNS 服务器地址。每行为一个配置项，以一
个关键字开头，后接配置值。编辑该文件内容如下：

```
[root@ network001 ~]# vim /etc/resolv.conf
Search baidu.com
Nameserver 202.102.224.68
Nameserver 8.8.8.8
```

关键字 search 后可以跟多个参数指明域名查询顺序。当要查询没有域名后缀的主机时，就
在由 search 声明的域中顺序查找。如果在局域网中有自己的域，就可以设置此项。

关键字 nameserver 定义 DNS 服务器的 IP 地址，每一个 nameserver 关键字定义一个 IP 地址。

查询时按照 nameserver 在文件中的顺序进行，且只有当前一个 nameserver 指定的 DNS 服务器没有响应时才顺序查询后一个。

设置好 DNS 客户端指向之后，可以使用 nslookup、dig 等命令测试文件中指定的 DNS 服务器是否可用。

工作任务3　远程登录

【任务描述】

在已连接到网络的 Linux 系统上开启 Telnet 功能，在网络上的任意一台客户端主机上，远程登录到该服务器进行管理。

【知识准备】

1. 远程登录

远程登录是指用户使用 Telnet 等工具，使本地计算机暂时成为远程主机的一个仿真终端的一个过程。仿真终端等效于一个非智能的机器，它只负责把用户输入的每个字符传递给远程主机，再将远程主机输出的每条信息回显到本地显示屏上，具体的运算过程由远程主机执行。

2. Telnet 协议

Telnet 协议是 TCP/IP 协议簇中的一员，是 Internet 远程登录服务的标准协议。它定义了一个网络虚拟终端，为远程主机系统提供一个标准接口。客户机程序不必详细地了解远程主机系统。

使用 Telnet 协议进行远程登录需要满足以下条件：①在本地计算机中必须装有包含 Telnet 协议的客户程序；②远程主机要求安装 Telnet 服务器软件；③必须知道远程主机的 IP 地址或域名；④必须知道登录账号与密码。

【任务实施】

1. Telnet 软件的安装

实现 Telnet 协议的软件分为客户端软件和服务器端软件。在 Linux 系统中，Telnet 软件包的名字有如下两种。

1）telnet：客户端软件，系统一般默认安装此软件包。

2）telnet-server：服务器端软件。

可以使用如下命令检查系统是否已经安装了相应的软件：

```
[root@ network001 ~]# rpm -q telnet-server
telnet-server-0.17-48.el6.i686
```

有相应的输出表示软件已经安装。如果系统还没有安装此软件，则需要手动安装。不能连网的情况下，可以采用 rpm 或 yum 的方式，使用本地光盘或 ISO 镜像文件进行安装。将光盘或 ISO 镜像文件放入物理光驱或虚拟机光驱中，若光驱没有被系统自动识别挂载，则需要使用下列命令手动挂载光驱并显示挂载结果。

1）创建挂载点，命令如下：

```
[root@ network001 ~]# mkdir /mnt/cdrom
```

2）执行挂载，命令如下：

```
[root@ network001 ~]# mount /dev/cdrom /mnt/cdrom
mount: block device /dev/sr0 is write-protected, mounting read-only
```

3）查看挂载结果，显示光驱已经被挂载到了/mnt/cdrom：

```
[root@ network001 ~]# df
Filesystem      1K-blocks      Used     Available     Use%     Mounted on
/dev/sda3       19490272     4258628    14234936      24%          /
tmpfs             515208        224      514984        1%      /dev/shm
/dev/sda1         487652       34824     427228        8%        /boot
/dev/sr0         3697584     3697584        0        100%      /mnt/cdrom
```

4）查看软件包，命令如下：

```
[root@ network001 ~]# cd /mnt/cdrom
[root@ network001 cdrom]# ls
CentOS_BuildTag EULA GPL images isolinux Packages RELEASE-NOTES-en-US.html
repodata RPM-GPG-KEY-CentOS-6 RPM-GPG-KEY-CentOS-Debug-6 RPM-GPG-KEY-
CentOS-Security-6  RPM-GPG-KEY-CentOS-Testing-6 TRANS.TBL
```

一般而言，软件包都放在光盘根目录的 Packages 子目录下：

```
[root@ network001 cdrom]# cd Packages /
```

5）使用 rpm 命令安装软件包：

```
[root@ network001 Packages]# rpm -ivh telnet-server-0.17-48.el6.i686.rpm
warning: telnet-server-0.17-48.el6.i686.rpm: Header V3 RSA/SHA1 Signature,
key ID c105b9de: NOKEY
Preparing...                  ################################# [100%]
    1:telnet-server            ################################# [100%]
```

telnet-server 软件包依赖于 xinetd 软件包，若 xinetd 软件包在系统中尚未安装，上述安装过程会报错。需要先将 xinetd 软件包安装后再安装 telnet-server：

```
[root@ network001 Packages]# rpm -ivh xinetd-2.3.14-39.el6_4.i686.rpm
```

6）安装完毕后，可以使用如下命令来验证安装结果：

```
[root@ network001 Packages]# rpm -qa | grep telnet
telnet-server-0.17-48.el6.i686
telnet-0.17-48.el6.i686
```

结果显示系统已成功安装了 Telnet 的服务器端及客户端软件。

Telnet 软件包安装过程中主要生成以下的文件：

1）/etc/xinetd.d/telnet：Telnet 服务的主配置文件。

2）/usr/sbin/in.telnetd：Telnet 服务的守护进程文件。

Telnet 服务并不像其他服务一样作为独立的守护进程运行，它由超级守护进程 xinetd 管理，这样不但能提高安全性，而且还能使用 xinetd 对 Telnet 服务器进行配置管理。

2. Telnet 服务的设置与启用

（1）启用 Telnet 服务

Telnet 服务安装后默认并不会被 xinetd 超级守护进程启用，还要修改文件/etc/xinetd. d/telnet 将其启用。该文件是 xinetd 服务配置文件的一部分，可以通过它来配置 Telnet 服务器的运行参数。编辑该文件，找到语句"disable = yes"，将其改为"disable = no"，即可开启 Telnet 服务。

```
[root@ network001 Packages]# vi /etc/xinetd.d/telnet
# default: on
# description: The Telnet server serves Telnet sessions; it uses \
# unencrypted username/password pairs for authentication.
service telnet
{
    flags              = REUSE
    socket_type        = stream
    wait               = no
    user               = root            //服务启动者
    server             = /usr/sbin/in.telnetd   //Telnet 启动程序
    log_on_failure +   = USERID          //日志文件
    disable            = no              //开启服务
}
```

使用如下命令重启 xinetd 超级守护进程，即可使以上的改动生效：

```
[root@ network001 Packages]# service xinetd restart
停止 xinetd：                                    [确定]
正在启动 xinetd：                                 [确定]
```

相反，如果需要关闭 Telnet 服务，只需要把/etc/xinetd. d/telnet 文件中的"disable = no"语句改为"disable = yes"，然后重启 xinetd 进程即可。

（2）限制并发连接数

如果要指定 Telnet 服务允许的最大并发连接数为 5，则同样编辑上述配置文件，添加如下一行语句：

```
[root@ network001 Packages]# vi /etc/xinetd.d/telnet
service Telnet
{
    ...
    disable            = no
    instances          = 5
}
```

（3）更改监听的端口

Telnet 服务默认监听的端口为 23，出于安全的考虑，可以更改服务器监听的端口，方法如下：

```
[root@ network001 Packages]# vi /etc /services
```

在打开的文件中找到以下两行：

```
Telnet 23 /tcp
Telnet 23 /udp
```

将这两条语句的 23 端口改为其他端口（如 2323）即可。

（4）启用 root 用户登录

Telnet 默认禁止 root 用户登录，可以通过如下方式禁用掉/etc/securetty 文件来启用 root 用户登录，但不建议这么做，因为 Telnet 在网络上是明文传输，这么做会增加系统的风险：

```
[root@ network001 ~]# mv /etc/securetty /etc/securetty.bak
```

3．建立测试用的普通用户账户

因为 Telnet 默认不允许以 root 用户身份登录，所以需要在服务器系统中添加普通用户及登录密码，在客户端使用该普通用户身份进行登录测试：

```
[root@ network001 Packages]# useradd xiaoming
[root@ network001 Packages]# passwd xiaoming
```

4．Telnet 客户端测试

（1）Windows 系统客户端测试

Windows 系统须已安装实现 Telnet 协议的客户端软件，如 Xshell。打开 Xshell，单击左上方的"NEW"按钮，出现如图 5-2 所示界面，选择协议（Protocol）为 Telnet，输入服务器的 IP 地址"192.168.1.100"，单击"OK"按钮。

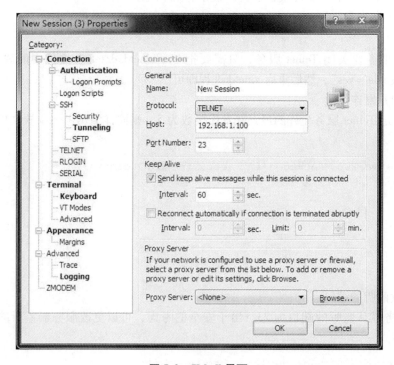

图 5-2　Xshell 界面

出现如图 5-3 所示界面，在出现的提示符后面输入用户名"xiaoming"，接着输入密码，登录到主机名为 network001 的 Linux 系统中。

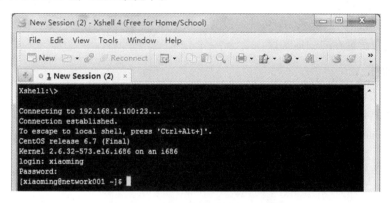

图 5-3　Xshell 下登录 Linux 系统

（2）Linux 系统客户端测试

Linux 客户端系统中安装实现 Telnet 协议的客户端软件后，在 Linux 命令行界面下输入如下命令：

```
[root@ network002 ~]# telnet 192.168.1.100
```

即可登录到 Telnet 服务器 network001 上，如图 5-4 所示。系统提示输入用户名和密码，默认不允许以 root 用户登录。

```
文件(F)　编辑(E)　查看(V)　搜索(S)　终端(T)　帮助(H)
[root@network002 ~]# telnet 192.168.1.100
Trying 192.168.1.100...
Connected to 192.168.1.100.
Escape character is '^]'.
CentOS release 6.7 (Final)
Kernel 2.6.32-573.el6.i686 on an i686
login: xiaoming
Password:
Last login: Fri Apr 29 03:37:39 from 192.168.1.3
[xiaoming@network001 ~]$
```

图 5-4　Linux 系统客户端登录 Telnet 服务器

单元实训

【实训目标】

配置 Linux 系统基本网络参数并开启 Telnet 服务。要求：

1）配置系统主机名。

2）配置系统 IP 地址。

3）开启系统远程登录。

【实训场景】

你是某公司的网络管理员，现在公司需要配置 1 台打印服务器，你需要首先确保服务器接入网络并且能够进行远程管理。

【实训环境】

完成本次任务需要在 VMware 中开两台 Linux 系统虚拟机，其中 1 台做服务器，另 1 台做测试（可以是克隆出的系统），连网模式设为一致。宿主 Windows 系统同样做测试用客户端。3 个系统 IP 地址需设置在同一地址段。

【实训步骤】

1）给服务器设置主机名为 test。

2）给服务器设置静态 IP 地址为 192. 168. 2. 10/24，网关为 192. 168. 2. 254。

3）开启 Telnet 服务，以普通用户 xiaohong 的身份登录。

单元6　配置与管理 DHCP 服务器

情境设置 @

【情境描述】

公司有一个局域网，网内的机器有工作站、FTP 服务器和打印服务器等，机器类型有台式机和便携式计算机。网络管理员小明需要给接入局域网的每一台机器分配唯一的 IP 地址，保障所有机器顺利连入局域网，并且保证以后网络能轻松升级 IP 地址段，可以方便地对局域网 IP 地址进行管理。

【问题提出】

1）机器获得 IP 地址的方法有哪些？

2）不同的 IP 地址取得方式有何优缺点？

3）机器上网的参数有哪些？都可以从 DHCP 服务器获得么？

4）如何使一台机器获得固定 IP 地址？

【实验环境】

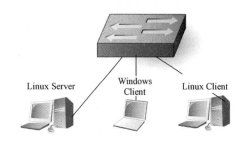

在 VMware 中开 3 台虚拟机用来模拟 1 个局域网，如图 6-1 所示。1 台 Linux 系统虚拟机做服务器，1 台 Linux 系统及 1 台 Windows 系统虚拟机做测试用客户端，连网模式设为一致（即连在同一交换机）并且 IP 地址在同一地址段，该实验不建议使用桥接连网模式。

图 6-1　实验环境

工作任务 @

工作任务1　配置一台给整个子网分配 IP 地址的 DHCP 服务器

【任务描述】

网络管理员给公司局域网 100 台机器规划的 IP 地址段为 192.168.1.0/24。现用一台 DHCP 服务器（IP 地址为 192.168.1.100）动态分配 IP 地址，地址池为 192.168.1.1 ~

192.168.1.110，并且给 FTP 服务器等其他重要的服务器预留 IP 地址如下：网关（192.168.1.254）；FTP 服务器（192.168.1.99）；打印服务器（192.168.1.98）。客户端上网所需的 DNS 服务器地址为 202.102.224.68 及 8.8.8.8。租约时间为 1 小时。

【知识准备】

1. DHCP 概述

在一个使用 TCP/IP 的网络中，每台计算机都必须至少有一个唯一的 IP 地址，才能与其他计算机连接通信。目前有两种方式指定上网主机的 IP 地址：一种是由管理员为每台主机静态地指定 IP 地址及其配置参数；另一种是由 DHCP（动态主机配置协议）服务器为每台主机动态分配 IP 地址及其上网参数。

对于手工配置网络参数，有以下缺点：

1）在每台主机上手工输入 IP 地址，对于规模较大的网络，配置 IP 地址工作量非常大。

2）手工配置 IP 地址时可能输入错误的 IP 地址，错误的配置信息可能会导致通信或网络问题。

3）对于主机网络配置，除了 IP 地址，还要求配置其他参数，比如网关（Gateway）、DNS等，信息更新和维护工作量大。

对于 DHCP 自动配置网络参数则有众多优点：

1）IP 地址由 DHCP 服务器自动分配给每一台计算机，确保每一台计算机都使用了正确的配置信息，减少 IP 地址冲突的可能性。

2）使用 DHCP 服务器能大大减少配置 IP 地址花费的开销和时间，并且服务器可以在指派IP 地址时附加其他的网络参数。

3）维护工作量小，减轻了管理员工作负担。

4）大部分路由器可以转发 DHCP 配置请求，因此，Internet 的每个子网并不都需要 DHCP服务器。

DHCP 采取 Client/Server 模式，安装了 DHCP 服务软件的主机就是 DHCP 服务器，而启用了 DHCP 功能的主机就是 DHCP 客户端。客户端启动时，自动和 DHCP 服务器端通信，DHCP服务器则为客户端自动分配 IP 地址等网络参数。

2. DHCP 的工作过程

（1）请求阶段

如果客户端设置使用 DHCP 方式获得 IP 地址，则当客户端开机或者是重启网卡时，DHCP客户机以广播方式发送 DHCP Discover（发现）报文来寻找 DHCP 服务器，即向地址255.255.255.255 发送特定的广播信息。普通主机接收到这个请求后会直接予以丢弃，只有DHCP 服务器才会做出响应。

（2）提供阶段

在网络中接收到 DHCP Discover 报文的 DHCP 服务器都会做出响应，它从尚未出租的 IP 地址中挑选一个分配给 DHCP 客户机，向 DHCP 客户机发送一个包含出租的 IP 地址和其他设置的 DHCP Offer（提供）报文；或者如果服务器已经设置对该客户机 MAC 地址提供固定 IP 地址时，则提供设置的固定 IP 地址。

（3）选择阶段

如果有多台 DHCP 服务器向 DHCP 客户机发来的 DHCP Offer 报文，则 DHCP 客户机只接受第一个收到的 DHCP Offer 报文，然后它就以广播方式回答一个 DHCP Request（请求）报文，该信息中包含向它所选定的 DHCP 服务器请求 IP 地址的内容。之所以要以广播方式回答，是为了通知所有的 DHCP 服务器，它将选择某台 DHCP 服务器所提供的 IP 地址。

（4）确认阶段

DHCP 服务器确认所提供的 IP 地址的阶段。当 DHCP 服务器收到 DHCP 客户机回答的 DHCP Request 报文之后，它便向 DHCP 客户机发送一个包含它所提供的 IP 地址和其他设置的 DHCP ACK（确认）报文，告诉 DHCP 客户机可以使用它所提供的 IP 地址。然后 DHCP 客户机便将其 TCP/IP 与网卡绑定。另外，除 DHCP 客户机选中的服务器外，其他的 DHCP 服务器都将收回曾提供的 IP 地址。

【任务实施】

1. 准备工作

由于本实验在虚拟机中完成，虚拟机软件 VMware 中自带 DHCP 服务，为完成实验要求并测试结果，需要搭建一个合适的网络环境，将虚拟机软件自带的 DHCP 服务关闭。

1）选择虚拟机屏幕左上角"编辑"→"虚拟网络编辑器"命令，如图 6-2 所示。

图 6-2　虚拟机界面

2）在出现的对话框中，选中 VMnet1 仅主机模式，并取消勾选最下方的"使用本地 DHCP 服务将 IP 地址分配给虚拟机"复选框，如图 6-3 所示。

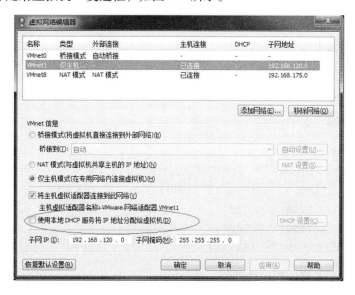

图 6-3　关闭仅主机模式下 DHCP 服务

3) 同样在该对话框中，再选中 VMnet8 NAT 模式，同样取消勾选最下方的"使用本地 DHCP 服务将 IP 地址分配给虚拟机"复选框，然后单击"确定"按钮，如图 6-4 所示。

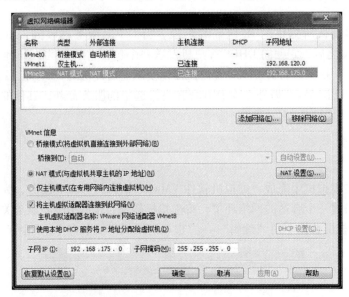

图 6-4　关闭 NAT 模式下 DHCP 服务

2. 安装 DHCP 服务器软件

在默认情况下系统不安装 DHCP 服务，因此需要手动安装。在 CentOS 中 DHCP 服务器主程序包为 dhcp-4.1.1-49.P1.el6.centos.i686.rpm，能生成 DHCP 服务器的主配置文件、启动脚本和执行文件。

从本地光盘中读取软件包信息，一般情况下 CentOS 会自动识别光盘硬件并进行挂载，如果没有自动挂载，则需手动挂载。

1) 创建挂载点，命令如下：

```
[root@ network001 ~]# mkdir /mnt/cdrom
```

2) 执行挂载，命令如下：

```
[root@ network001 ~]# mount /dev/cdrom /mnt/cdrom
mount: block device /dev/sr0 is write-protected, mounting read-only
```

3) 查看挂载结果，命令如下：

```
[root@ network001 ~]# df
Filesystem     1K-blocks     Used      Available    Use%    Mounted on
/dev/sda3      19490272      4258628   14234936     24%     /
tmpfs          515208        224       514984       1%      /dev/shm
/dev/sda1      487652        34824     427228       8%      /boot
/dev/sr0       3697584       3697584   0            100%    /mnt/cdrom
```

4) 安装 DHCP 服务器主程序软件包，命令如下：

```
[root@ network001 ~]# cd /mnt/cdrom/Packages
```

```
[root@ network001 Packages]# rpm -ivh dhcp -4.1.1 -49.P1.el6.centos.i686.rpm
warning: dhcp -4.1.1 -49.P1.el6.centos.i686.rpm: Header V3 RSA/SHA1 Signature,
key ID c105b9de: NOKEY
Preparing...  1:dhcp                    ################## [100% ]
```

5) 安装完毕后，可以使用如下命令检查安装情况：

```
[root@ network001 ~]# rpm -q dhcp
dhcp -4.1.1 -49.P1.el6.centos.i686
```

有输出表示该软件已经安装上。软件包安装后主要生成如下文件。

/etc/dhcp/dhcpd. conf：DHCP 服务器的主配置文件。

/etc/sysconfig/dhcpd：DHCP 服务器的次要配置文件。

/etc/rc. d/init. d/dhcpd：DHCP 服务的启动脚本。

/usr/share/doc/dhcp-4. 1. 1/README. ldap：DHCP 的帮助文档。

/usr/share/doc/dhcp-4. 1. 1/dhcpd. conf. sample：DHCP 服务器主配置文件的范文文件。

/var/lib/dhcpd/dhcpd. leases：DHCP 服务器上的 IP 地址租约的数据库。

3. DHCP 服务器的配置

DHCP 服务器的主配置文件是/etc/dhcp/dhcpd. conf，对服务器的配置通过修改该文件来完成。

1) DHCP 服务器的主配置文件是/etc/dhcp/dhcpd. conf，为了方便文件的编写，建议从范本文件 dhcpd. conf. sample 复制，命令如下：

```
[root@ network001 ~]# cp /usr/share/doc/dhcp -4.1.1/dhcpd.conf.sample/etc/dhcp
/dhcpd.conf
```

2) 编辑主配置文件，用 vim 编辑器对配置文件进行编辑，内容如下：

```
[root@ network001 ~]# vim /etc/dhcp/dhcpd.conf
option domain -name "example.org";
option domain -name -servers 202.102.224.68, 8.8.8.8;
default -lease -time1800;
max -lease -time 3600;
ddns -update -style none;
log -facility local7;
subnet 192.168.1.0 netmask 255.255.255.0 {
    range 192.168.1.1  192.168.1.97;      //定义可分配的 IP 地址池
    range 192.168.1.101  192.168.1.110;  //预留的 IP 地址不能出现在地址池内
    option routers 192.168.1.254;
    option broadcast -address 192.168.1.255;
}
```

//注意:该文件每行为一个配置项,每个配置项有不同的作用,配置项名称与配置项值之间以空格隔开,每一行结束以";"结尾,以"#"开头的为注释行

//服务器全局配置项

```
ddns -update -style none;                //定义所支持的 DNS 动态更新类型,none 是关
```
闭的意思,一般设置成关闭,可用的值有 interim、ad -hoc 或 none

```
default -lease -time 21600;              //默认的租约时间,以秒为单位
max -lease -time 43200;                  //最大的租约时间
option nis -domain "domain.org";        //设置 NIS 域名
option domain -name "domain.org";        //设置所在区域名称
```

```
    option domain-name-servers 172.16.1.1;    //DNS 服务器的 IP 地址
    option time-offset -18000;                //为客户端设定和格林尼治时间的偏移时间
    option ntp-servers 172.16.210.1;          //为客户端设定网络时间服务器 IP 地址
    option netbios-name-servers 172.16.210.1; //设置默认的 WINS 服务器
    option netbios-node-type 2;
    log-facility local7;
    //针对某个子网的设置写在 subnet {} 内
    subnet 172.16.1.0 netmask 255.255.255.0 {  //声明一个网段,定义网段地址和子网掩码
    option routers 172.16.1.254;               //分配给客户机的网关地址或路由 IP 地址,
在 DHCP 发布 IP 地址的同时,把网关发布出去
    option subnet-mask 255.255.255.0;          //分配给客户机的子网掩码
    range 172.16.1.210 172.16.1.240;           //可分配的 IP 地址范围
    }
    subnet 172.16.2.0  netmask 255.255.255.0 { //DHCP 信息可以跨路由器,所以文件里可以
有多个 subnet 段,给不同子网分配 IP 地址
    range 172.16.2.210 172.16.2.240;           //可分配的 IP 地址范围
    option domain-name-servers 172.16.2.1;     //括号外的配置项均可出现在括号内,如有
重复,则以括号内的值覆盖全局配置值
    option routers 172.16.2.254;
    }
    host ns {   //对主机名为 ns 的主机做 host 声明设定对特定网卡的 IP 地址分配
        hardware ethernet 12:34:56:78:AB:CD;   //主机的 MAC 地址
        fixed-address 172.16.210.222;          //该地址始终分配给该主机
    }
```

3）配置文件/etc/sysconfig/dhcpd。对于多网卡的主机,需要对 DHCP 服务监听哪块网卡进行设定。在配置文件/etc/sysconfig/dhcpd 中的 DHCPDARGS 配置项的值设为要监听的网卡的名称,命令如下:

```
[root@ network001 ~]# vi /etc/sysconfig/dhcpd
DHCPDARGS = eth0
```

4. 重启 DHCP 服务器

对服务器进行的配置只有重启才能生效。DHCP 服务器的启动脚本是/etc/rc.d/init.d/dhcpd。可以用如下命令对服务器进行运行状态的管理:

```
[root@ network001 ~]# /etc/rc.d/init.d/dhcpd restart
关闭 dhcpd:                                        [确定]
正在启动 dhcpd:                                     [确定]
或者 [root@ network001 ~]# service dhcpd restart
关闭 dhcpd:                                        [确定]
正在启动 dhcpd:                                     [确定]
```

5. 检查 DHCP 服务器是否启动

可以用 netstat 命令来确认服务器是否启动成功:

```
[root@ network001 ~]# netstat -tulp | grep dhcpd
udp    0    0        *:bootps *:*              2916/dhcpd
```

命令有显示结果表示服务已经启动。

6. 客户端测试

（1）在 Linux 系统的客户端机器上测试

1）系统 IP 地址取得方式设为自动获取，命令如下：

```
[root@ network002 ~]# vim /etc/sysconfig/network-scripts/ifcfg-eth0
```

将文件中 BOOTPROTO 的值改为 dhcp 动态获取：

```
BOOTPROTO = dhcp
```

2）重启网络，命令如下：

```
[root@ network002 ~]# service network restart
```

或者单独重启 eth0 接口：

```
[root@ network002 ~]#ifdown eth0
[root@ network002 ~]#ifup eth0
```

3）查看获取到的 IP 地址信息及 DNS 信息，命令如下：

```
[root@ network002 ~]# ifconfig
eth0 Link encap:Ethernet HWaddr 00:0C:29:FE:BF:A5
inet addr:192.168.1.1 Bcast:192.168.1.255 Mask:255.255.255.0
...
[root@ network002 ~]# cat /etc/resolv.conf
; generated by /sbin/dhclient-script
search localdomain
nameserver 202.102.224.68
nameserver 8.8.8.8
```

如上所示，获取到 IP 地址 192.168.1.1 及 DNS 地址 202.102.224.68 和 8.8.8.8。

（2）在 Windows 系统的客户端机器上测试

1）将 IP 地址取得方式设为自动获取，如图 6-5 所示。

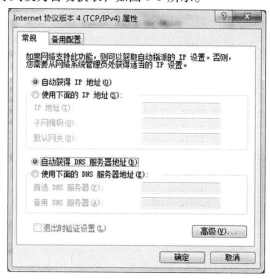

图 6-5 设置网卡 IP 地址取得方式为自动获取

2）禁用再启用网卡。

3）查看网卡信息。单击鼠标右键，选择"属性"→"状态"→"详细信息"命令，打开如图6-6所示对话框，从 IP 地址为 192.168.1.100 的 DHCP 服务器地址池中获取到 IP 地址 192.168.1.2

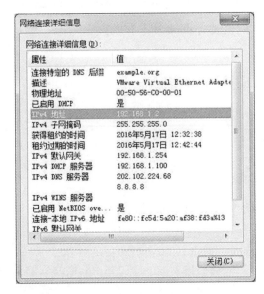

图6-6　查看获取到的网络参数

DHCP 服务器在系统中的日志文件是/var/log/message，文件记录了 DHCP 分配的所有 IP 地址信息。在确认 Windows 客户端获得 IP 地址 192.168.1.2 之后，可以打开日志文件查看到相关的日志信息：

```
[root@ network001 ~]# tail -5 /var/log/messages
Jun 2 08:14:10 network001 dhcpd: DHCPREQUEST for 192.168.1.2 from 00:50:56:c0:
00:01 (USER -20150403HX) via eth0
Jun 2 08:14:10 network001 dhcpd: DHCPACK on 192.168.1.2 to 00:50:56:c0:00:01
(USER -20150403HX) via eth0
Jun 2 08:14:10 network001 dhcpd: DHCPREQUEST for 192.168.1.2 from 00:50:56:c0:
00:01 (USER -20150403HX) via eth0
Jun 2 08:14:10 network001 dhcpd: DHCPACK on 192.168.1.2 to 00:50:56:c0:00:01
(USER -20150403HX) via eth0
Jun 2 08:14:17 network001 dhcpd: DHCPINFORM from 192.168.1.2 via eth0: not
authoritative for subnet 192.168.1.0
```

该文件也可作为服务器启动报错时有用的检测工具。

DHCP 服务器上的租约文件/var/lib/dhcpd/dhcpd.leases 也记录了服务器向 DHCP 客户端提供租用的 IP 地址的信息，在确认 Windows 客户端获得 IP 地址 192.168.1.2 之后，可以打开该文件查看到客户端的租约信息：

```
[root@ network001 ~]# tail /var/lib/dhcpd/dhcpd.leases
lease 192.168.1.2 {
    starts 5 2016/05/13 18:40:54;
```

```
       ends 5 2016/05/13 18:50:54;
       cltt 5 2016/05/13 18:40:54;
       binding state active;
       next binding state free;
       hardware ethernet 00:50:56:C0:00:01;
       uid " \001\000 PV\300\000\001";
       client - hostname "myWindows";
   }
```

工作任务 2   配置一台针对单个主机分配固定 IP 地址的 DHCP 服务器

【任务描述】

网络管理员给公司局域网内 FTP 服务器分配的 IP 地址为 192.168.1.99，打印服务器分配的 IP 地址为 192.168.1.98。两台服务器的 IP 地址取得方式为自动获取，现用一台 DHCP 服务器（IP 地址为 192.168.1.100）实现其 IP 地址的分配。

【任务实施】

1. 修改配置文件

服务器配置的具体步骤大致与上个任务相同，实现不同功能只需要去修改服务器的主配置文件，在文件/etc/dhcp/dhcpd.conf 中加入如下内容：

```
[root@ network001 ~]# vim /etc/dhcp/dhcpd.conf
host ftp {
hardware ethernet 00:50:56:C0:00:01;      //该地址为 FTP 服务器网卡的 MAC 地址
//该实验中可用 Windows 系统模拟 FTP 服务器
fixed - address 192.168.1.99;             //把 IP 地址 192.168.1.99 固定分配给一台
MAC 地址为 00:50:56:C0:00:01 的客户机
   }
host printer {
hardware ethernet 00:0C::FE:BF:05:C1;     //该地址为打印服务器网卡的 MAC 地址
//该实验中可用另一台 Linux 系统模拟打印服务器
fixed - address 192.168.1.98 ;            //把 IP 地址 192.168.1.98 固定分配给一台
MAC 地址为 00:0C::FE:BF:05:C1 的客户机
   }
```

2. 重启服务器

```
[root@ network001 ~]# service dhcpd restart
关闭 dhcpd:                                          [确定]
正在启动 dhcpd:                                       [确定]
```

3. 客户端测试

1）Windows 系统的客户端测试如图 6-7 所示，MAC 地址为 00:50:56:C0:00:01 的客户机从 192.168.1.100 的 DHCP 服务器上获取到 IP 地址（192.168.1.99），以后无论重启机器或租约到期，始终获取到此 IP 地址，不会改变。

图 6-7　测试结果显示

2）Linux 系统的客户端测试，在命令行下查看到系统的 MAC 地址为 00: 0C: : FE: BF: 05: C1，获取到绑定的 IP 地址 192. 168. 1. 98。

```
[root@ network002 ~]# ifconfig
eth0 Link encap:Ethernet HWaddr 00:0C::FE:BF:05:C1
inet addr:192.168.1.98 Bcast:192.168.1.255 Mask:255.255.255.0
...
```

单元实训

【实训目标】

配置局域网内 DHCP 服务器。要求：

1）安装 DHCP 服务器软件。

2）熟练修改 DHCP 配置文件完成服务器要求。

3）配置和调试 DHCP 服务器。

【实训场景】

你是公司的网络管理员，现在需要在内部局域网配置一台 DHCP 服务器，给公司内部 50 台机器分配 IP 地址，网段为 192. 168. 1. 0/26。局域网内有一台 Samba 服务器，要求 IP 地址固定不变为 192. 168. 1. 63。

【实训环境】

完成本次任务需要开两台 Linux 系统虚拟机，一台做服务器，另一台模拟 Samba 服务器，宿主 Windows 系统虚拟机模拟局域网内任意一台主机。3 个系统 IP 地址需设置在同一地址段并且联网模式设为一致。

【实训步骤】

1）关闭虚拟机自带 DHCP 服务。

2）安装 DHCP 服务器软件。

3）修改配置文件。

4）重启服务器并测试。

单元7 配置与管理 DNS 服务器

学习目标

1) 了解 DNS 服务器的相关概念。
2) 掌握主域名服务器的配置。
3) 掌握辅域名服务器的配置。

情境设置

【情境描述】

公司内架设了许多公共服务器,用来给公司的员工和客户提供网络资源。为了方便员工和客户能方便地在网络上访问这些服务器,网络管理员小明要给这些服务器分别起名字,让用户可以记住服务器的名字代替 IP 地址来访问。因此,小明需要建立域名服务器来解析这些名称。

【问题提出】

1) 什么是 DNS(域名系统)?
2) 什么是 DNS 服务器?
3) 什么是 DNS 服务器的区域?
4) DNS 服务器如何将域名翻译成 IP 地址?

【实验环境】

在 VMware 中开 3 台虚拟机用来模拟 1 个局域网,如图 7-1 所示。1 台 Linux 系统虚拟机做服务器,1 台 Linux 系统及 1 台 Windows 系统虚拟机做测试用客户端,连网模式设为一致(即连在同一交换机)并且 IP 地址在同一地址段。

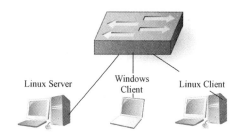

图 7-1 实验环境

工作任务

工作任务 1 配置一台主域名服务器

【任务描述】

公司的网络(网段为 192.168.1.0/24)资源分别放置在主机 1(IP 地址为 192.168.1.10)、主机 2(IP 地址为 192.168.1.11)、主机 3(IP 地址为 192.168.1.12)上,其中主机 1 提供的是文件共享,主机 2 提供的是 Email 服务,主机 3 提供的是网页服务。网络管理员规划的该公司的域名空间名称为 test.com,主机 1 域名为 ftp.test.com,主机 2 域名为 email.test.com,主机

3 域名为 www. test. com，并且为了方便公司客户访问网页，客户使用域名 www. test. com 或者 web. test. com 均可访问到公司的网站服务器。该区域内 DNS 服务器的域名为 dns. test. com，IP 地址为 192. 168. 1. 100。

【知识准备】

1. 域名系统概述

在 Internet 上，如果客户机要访问服务器时，通常有两种方式表达服务器的位置：一种为 IP 地址；另一种为"域名"。IP 地址由数字组成，而域名由有意义的英文字母构成。由于计算机只认识 IP 地址，不认识方便人类记忆的域名，因此便产生了 DNS（Domain Name System，域名系统），其功能为实现域名与 IP 地址之间的相互转换。

Internet 采用了一种树形层次结构的命名方法。该结构中每一台计算机或其他网络设备，其名字都是唯一的，称为域名。这里的"域"是 Internet 域名空间中的基本单位，每一个域都属于一个上级域，可以没有下级域或拥有多个下级域，也就是说域还可以再分出子域，如二级域、三级域等。在同一个域中不能有相同的主机名，但在不同的域中可以有相同的主机名。

在树形层次结构的域名系统中，从上到下依次为根域、顶级域、二级域、三级域，并依此扩展。域名系统的树状层次结构如图 7-2 所示。

Internet 中每一台计算机的域名都由一系列用"."分开的英语字母和数字组成。各级域之间用"."分开，级别最低的域名写在最左边，级别最高的顶级域名写在最右边。一般的域名不超过 255 个字符。各级域名由其上一级的域名管理机构管理，这种方法可以使每一个域名都是唯一的，并且也容易设计出查找域名的机制。

从 www. test. com 这个域名来看，它是由几个

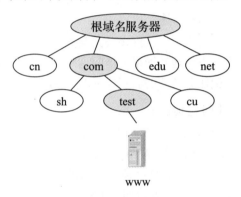

图 7-2　域名系统结构

不同的部分组成的，这几个部分彼此之间具有层次关系。其中最后面的"."（经常省略）表示"根域"，它负责解析顶级域名；. com 是顶级域名；. test 处在第二层，真正负责解析一台具体主机名称 www 与 IP 地址的对应关系。从这里可以看出域名从后到前的层次关系就是图 7-2 所示的一个倒立的树形结构。

在整个域名系统当中，顶级域名是确定好的，共分为如下 3 大类。

1）通用顶级域名：采用 RFC 1519 规定，用于区别不同类型的组织，如 . com 表示公司企业、. edu 表示教育机构、. gov 表示政府部门、. net 表示网络服务机构、. org 表示非营利性组织、. mil 表示军事部门、. arpa 表示美国军方等。

2）国家或地区顶级域名：采用 ISO 3166 的规定，与各个国家或地区对应的域名，如 . cn 表示中国、. us 表示美国。

3）国际顶级域名：用 . int 表示，国际性的组织可在 . int 下注册，如世界卫生组织的域名为 who. int。

2. 域名解析过程

任何一台主机，要想获得 Internet 的域名服务，必须为自己指定一个域名服务器的 IP 地址。然后，当该主机想解析域名时，就把域名解析的请求发送给该服务器，由该服务器完成解

析过程，该服务器就是主机的本地服务器。本地域名服务器收到查询请求时，首先检查该名字是否在自己的管理域内，如果在，根据本地数据库中的对应关系将结果发回给源主机。如果查询的内容不在自己的管理域内，一般说来，有两种解析方法：

1）迭代查询（Interactive Resolution）。如果 DNS 服务器在本地进行的查询失败，则将另一台 DNS 服务器的地址返回给客户机，然后 DNS 客户机将查询请求提交这一新的 DNS 服务器，如图 7-3 中所示的根域服务器、.com 域 DNS 服务器及 .test.com 域 DNS 服务器执行的都是迭代查询。DNS 服务器向另一 DNS 服务器查询一般为迭代查询。

2）递归查询（Recursive Resolution）。不论是否解析成功，DNS 服务器都将结果返回给查询客户机。在本地服务器本地查询不能成功时，DNS 自行向其他 DNS 服务器提交查询请求，而不会将其他 DNS 服务器的地址返回给查询客户机。如图 7-3 中所示的本地 DNS 服务器执行的是递归查询。DNS 客户机向 DNS 服务器查询一般为递归查询。

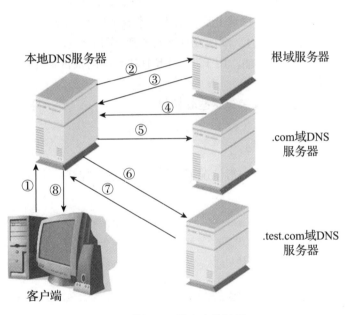

图 7-3　域名查询过程

3．DNS 区域

DNS 服务器是以区域为单位来管理域名空间的，而不是以域为单位。区域是 DNS 服务器的管辖范围，是由单个域或由具有上下隶属关系的紧密相邻的多个子域组成的一个管理单位。

一台 DNS 服务器可以管理一个或多个区域，而一个区域也可以由多台 DNS 服务器来管理。在 DNS 服务器中必须先建立区域，再在区域中建立子域，以及在区域或子域中添加主机等各种记录。DNS 区域有两种：正向区域与反向区域。

4．域名服务器分类

常见的域名服务器有如下几种：

1）主域名服务器（Primary Name Server）。特定区域中的权威性数据来源，它负责本区域域名空间信息，并对本区域内其他域名服务器授权。一个区域内必须有且仅有一台主域名服务器。

2）辅域名服务器（Secondary Name Server）。通过区域传输（Zone Transfer）从主域名服务

器复制区域数据，辅域名服务器可以提供冗余服务。一个区域内可以没有或有多台辅域名服务器。

3）转发域名服务器。非权威性服务器，接收客户端的查询请求，并将其转发到其他的服务器上，然后将返回的查询结果保存到缓存，用本地缓存数据来应答查询请求。

【任务实施】

1. 安装 DNS 服务器软件

BIND（Berkeley Internet Name Domain）是美国加州大学伯克利分校开发的一个域名服务器软件包，是目前最为流行的 DNS 协议实现。其最新版本是 BIND 9。目前使用的 DNS 服务器70% 以上都采用 BIND 来实现。

在 RHEL 6 中提供的与 DNS 服务相关的软件包主要有以下几个。

1）bind–libs：提供了实现域名解析功能必备的库文件，默认安装。

2）bind–utils：提供了 DNS 的客户端工具，用于搜索域名指令，默认安装。

3）bind：DNS 服务器的主程序包，默认没有被安装到 RHEL 6 系统中。

4）bind–chroot：BIND 的一个功能，用于改变 BIND 执行时的根目录位置，使 BIND 可以在一个 chroot 的模式下运行。

使用如下命令检测系统是否已安装过这些软件包：

```
[root@ network001 ~]# rpm -q bind
package bind is not installed
```

采用本地光盘源安装方式，光盘一般情况下会被自动挂载，挂载后执行如下命令：

```
[root@ network001 ~]# df
Filesystem     1K-blocks      Used    Available    Use%     Mounted on
/dev/sda3     19490272     4310884    14182680    24%          /
tmpfs          515208          76      515132      1%       /dev/shm
/dev/sda1      487652        34824     427228      8%         /boot
/dev/sr0      3697584      3697584         0      100%    /media/CentOS_6.7_Final
[root@ network001 ~]# cd /media/CentOS_6.7_Final/Packages/
[root@ network001 Packages]# rpm -ivh bind-9.8.2-0.37.rc1.el6.i686.rpm
[root@ network001 Packages]# rpm -ivh bind-chroot-9.8.2-0.37.rc1.el6.i686.rpm
```

安装了 bind 主程序软件和 bind–chroot 后，不用做任何配置，只有重启 named 服务，默认就是一台缓存域名服务器，从一个"根服务器数据文件"加载一些根域名服务器的地址，对这些由根服务器解析的结果进行缓存，并不断累积。

用 rpm -ql bind 命令可以查询到 BIND 软件包所生成的文件，常用的有以下几个。

1）/etc/rc.d/init.d/named：DNS 服务的启动脚本。

2）/usr/sbin/named：named 守护进程。

3）/usr/sbin/named-checkconf：主配置文件的语法检查工具。

4）/usr/sbin/named-checkzone：区域文件的语法检查工具。

5）/usr/share/doc/bind-9.8.2/sample/*：DNS 服务器配置文件的范文文件。

6）/etc/named.rfc1912.zones：正向/反向区域声明清单文件。

7）/etc/named. conf：服务器主配置文件。

为了提高安全性，BIND 通常使用 chroot 把根目录改变为/var/named/chroot，也就是说，在安装 bind-chroot 软件包后，原有的配置文件会自动以该目录作为起始目录，原位置的文件将变成一个符号链接，DNS 服务器读取的是/var/named/chroot 目录下的文件。

2. 配置 DNS 服务器

（1）修改主配置文件/etc/named. conf

```
[root@ network001 ~]# vim /etc/named.conf
options {    //定义全局属性
    listen-on port 53 { 192.168.1.100; };    //服务器监听的网络接口及端口
    listen-on-v6 port 53 { ::1; };
    directory "/var/named";    //区域解析文件的路径
    dump-file "/var/named/data/cache_dump.db";
    statistics-file "/var/named/data/named_stats.txt";
    memstatistics-file "/var/named/data/named_mem_stats.txt";
    allow-query { any; };    //查询访问控制,限制可使用 DNS 服务的机器范围
    recursion yes;
};
logging {    //日志文件
    channel default_debug {
        file "data/named.run";
        severity dynamic;
    };
};
zone "." IN {    //根域
    type hint;
    file "named.ca";
};
include "/etc/named.rfc1912.zones";    //引入另一配置文件
include "/etc/named.root.key";
```

注意：该文件每一行末尾以“；”结束；“{}”一定要成对出现；“}”内外都要有“；”。

（2）修改区域声明文件/etc/named. rfc1912. zones

该文件中每一个 zone 开始的段落，定义了一个由该 DNS 管理的区域，区域可以是正向，也可以是反向。如果 DNS 服务器负责解析一个区域，需要首先在这个文件里做 zone 区域声明。

```
[root@ network001 ~] vi /etc/named.rfc1912.zones
zone "test.com" IN {    //定义正向解析区域 test.com
    type master;    //该服务器为 test.com 区域内的主域名服务器
    file "test.host";    //定义区域正向解析文件/var/named/test.host,该文件须用户自行创建
    allow-update { none; };    //关闭动态更新
};
zone "1.168.192.in-addr.arpa" IN {    //定义反向解析区域 192.168.1.0 网段
    type master;
    file "test.arp.host";    //定义区域反向解析文件/var/named/test.arp.host,同样需
要用户自行创建
    allow-update { none; };
};
```

注意：zone 关键字定义了该 DNS 所管理的区域名称；type 关键字定义了该服务器类型，master 为主域名，slave 为辅域名，其余还有 stub、hint、forward 等；file 关键字定义了该区域内保存域名和 IP 地址对应关系的区域解析文件的名称。

（3）编写正向区域解析文件 test. host

该文件为整个 DNS 服务器的核心文件，保存域名和 IP 地址对应关系，该文件需要新建，也可从已有的文件复制后进行更改：

```
[root@ network001 ~]# cp /var/named/named.localhost /var/named/test.host
[root@ network001 ~]# vim /var/named/test.host
```

文件内容如下：

```
$ TTL 1D   //time to live 生存时间
@      IN SOA   dns.test.com.  root.dns.test.com. (
                                 0      ; serial
                                 1D     ; refresh
                                 1H     ; retry
                                 1W     ; expire
                                 3H )   ; minimum
       IN  NS  dns.test.com.
dns    IN  A  192.168.1.100
www    IN  A 192.168.1.12
web    IN  CNAME  www.test.com.
ftp    IN  A  192.168.1.10
       IN  MX  10  mail.test.com.
mail   IN  A  192.168.1.11
```

该文件每一行为一条资源记录，每一行包含 N 个字段，字段间以空格隔开，每一行第三个字段为资源记录类型标识，共有以下几种资源记录类型。

1）SOA 资源记录，该记录为起始授权记录，定义全局有效配置项。

第 1 个字段为区域名称，可使用 "@" 变量，值为当前区域名称 test. com。

第 2 个字段 IN 表示网络的地址类型是 TCP/IP。

第 4 个字段为本区域的域名服务器的绝对域名。

第 5 个字段为管理域的管理员的邮件地址。

第 6 个字段为（）内部分，定义了一些时间相关参数。

Serial：本区配置数据的序列号，用于从服务器判断何时获取最新的区域数据。

Refresh：辅助域名服务器多长时间更新数据库。

Retry：若辅助域名服务器更新数据失败，多长时间再试。

Expire：若辅助域名服务器无法从主服务器上更新数据，原有的数据何时失效。

Minimum：无效地址解析记录的默认缓存时间。

2）NS 资源记录用于标识一个区域的权威服务器（包括主服务器和辅服务器），并将子域授权赋予其他服务器。

第 1 个字段为区域名称，可以为空格，也可以是 "@" 变量。

第 4 个字段定义该区域内 DNS 服务器的绝对域名。

3）A 资源记录是该文件的核心，它提供了主机名到 IP 地址的映射。

第 1 个字段可使用相对域名如 www，也可使用绝对域名如 www. test. com. 。

第 4 个字段为区域内某主机 IP 地址。

4）CNAME 资源记录用于设置主机的别名，用于两个域名对应一个 IP 地址的情况。

第 1 个字段可使用相对域名如 www，也可使用绝对域名如 www. test. com. 。

第 4 个字段使用绝对域名，和第一个字段的域名指向同一 IP 地址的主机。

5）MX 资源记录用于设置该区域内邮件服务器。

第 1 个字段为区域名称，可以为空格，也可以是"@"变量。

第 4 个字段为该邮件服务器优先级。

第 5 个字段为区域内邮件服务器的绝对域名。

（4）编写反向区域解析文件

```
[root@ network001 Packages]# vim /var/named/test.arp.host
$ TTL 1D
@        IN SOA  @ rname.invalid.(
                                    0        ; serial
                                    1D       ; refresh
                                    1H       ; retry
                                    1W       ; expire
                                    3H )     ; minimum
        IN  NS  dns.test.com.
192.168.1.100.in-addr.arpa.    IN  PTR  dns.test.com.
12      IN  PTR  www.test.com.
10      IN  PTR  ftp.test.com.
11      IN  PTR  mail.test.com.
```

在反向区域解析文件中，SOA 和 NS 资源记录与正向区域解析文件相同，该文件中只能出现 PTR 资源记录，与正向区域解析文件中的 A 资源记录相对应。

1）SOA 和 NS 资源记录中的第一个字段，"@"为变量，指代当前区域网段 192.168.1.0/24。

2）A 资源记录中的第 1 个字段为 IP 地址，可以写相对形式或绝对地址，第 4 个字段为绝对域名。

3. 语法检测

（1）检测 /etc/named. * 文件的语法

```
[root@ network001 ~]# named-checkconf
```

无输出即表示文件语法无误，如关键字拼写错误可以被检查出来，但不能保证文件内容符合服务器设置的要求。

（2）检测正向及反向区域解析文件的语法

```
[root@ network001 ~]# named-checkzone test.com /var/named/test.host
zone test.com/IN: loaded serial 0
OK
[root@ network001 ~]#named-checkzone 192.168.1 /var/named/test.arp.host
zone 192.168.1/IN: loaded serial 0
OK
```

以上结果显示语法检测无误。

4. 更改配置文件的权限

为了提高安全性，BIND 通常使用 chroot 把根目录改变为/var/named/chroot，也就是说，在安装 bind-chroot 软件包后，原有的配置文件会自动以该目录作为起始目录，原位置的文件将变成一个符号链接。所以在配置中需要注意权限问题，该目录的权限可能为 700，属主是 root 而不是 named。这时启动 named 服务时会遇到"权限拒绝（Permission Denied）"的提示。所以在使用 chroot 时候需要注意权限不足所带来的问题。要想成功加载区域文件以向客户端提供正确的解析结果，可以将文件的所有者由默认的 root 改为系统用户 named。

```
[root@ network001 ~]# cd /var/named/chroot/
[root@ network001 chroot]# chown -R named etc
[root@ network001 chroot]# chown -R named var/named/
```

若防火墙或 SELinux 对系统有限制，则需要更改或关闭防火墙和 SELinux，命令如下：

```
[root@ network001 ~]# setenforce 0
[root@ network001 ~]# iptables -F
[root@ network001 ~]# iptables -L
Chain INPUT (policy ACCEPT)
target         prot opt source        destination
Chain FORWARD (policy ACCEPT)
target         prot opt source        destination
Chain OUTPUT (policy ACCEPT)
Target         prot opt source        destination
```

以上结果显示防火墙为空，系统为无防火墙拦截状态，为保证实验测试最简单的方法为关闭防火墙，实际应用中可以根据自己需求来设置防火墙，在保证安全的情况下开放该服务端口。

5. 重启服务器

服务器在进行配置文件修改后，需重启才会生效，重启命令如下：

```
[root@ network001 chroot]# service named restart
停止 named：                                    ［失败］
启动 named：                                    ［确定］
```

如果重启失败，则可以检查其在系统中日志文件以找出错误所在：

```
[root@ network001 ~]# tail -20 /var/log/messages
```

6. 客户端测试

（1）域名测试工具

1）nslookup。该工具有两种运行方式：交互式和非交互式。交互式可以向服务器查询多个信息，甚至打印一个域中的主机列表；非交互式仅仅用来显示一个被请求的信息。

［例 1］

```
[root@ network001 ~]# nslookup www.baidu.com   //非交互式,向 resolv.conf 文件中
```
的 DNS 地址发送解析请求

```
Server：192.168.1.100
Address：192.168.1.100#53
Name：www.baidu.com      //服务器返回的解析结果
Address：192.168.1.100
```

[例 2]

[root@ network001 ~]# nslookup www.hnzj.com 192.168.1.100　//非交互式,向指定
的 DNS 地址发送解析请求

```
Server：192.168.1.100
Address：192.168.1.100#53
Name：www.hnzj.com
Address：192.168.1.100
```

[例 3]

```
[root@ network001 ~]# nslookup   //交互式查询
> set type = any
> hnzj.com
Server：192.168.1.100
Address：192.168.1.100#53
hnzj.com
origin = dns.hnzj.com
mail addr = root.dns.hnzj.com
serial = 0
refresh = 86400
retry = 3600
expire = 604800
minimum = 10800
hnzj.comnameserver = dns.hnzj.com.
> exit
```

2）dig。dig（Domain Information Groper，域信息
搜索器）是一种用于从域名系统服务器收集信息的
命令行工具。

[例 4]

[root@ network001 ~]# dig hnzj.com mx
//该命令查询 hnzj.com 域的邮件服务器相关信息

3）host。host 是一个比较简单的 DNS 查询工具，
默认只将主机名和 IP 地址进行转换。

[例 5]

[root@ network001 ~]# host www.hnzj.com
www.hnzj.com has address 192.168.1.100

（2）Windows 系统下测试

1）修改 Windows 系统的 IP 地址与 DNS 指向，如
图 7-4 所示，DNS 指向配置好的 Linux 系统 IP 地址。

图 7-4　设置 DNS 指向

2）在 DOS 命令行下输入 ping 命令测试网络连通性，如图 7-5 所示。

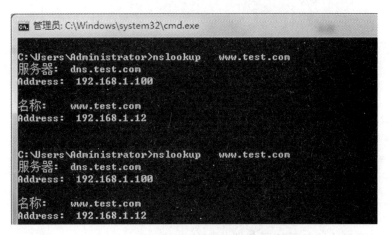

图 7-5　测试主机之间连通性

3）使用 nslookup 命令测试 DNS 服务器，请求服务器解析 www. test. com 域名，如图 7-6 所示。

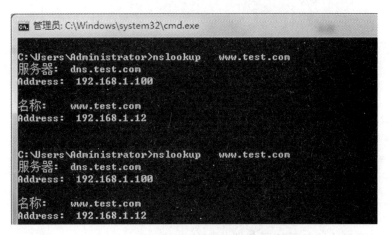

图 7-6　测试 DNS 服务器

（3）在 Linux 系统下测试

1）测试连通性。命令如下：

```
[root@ network002 ~]# ping – c 1 192.168.1.100
PING 192.168.1.100 (192.168.1.100) 56(84) bytes of data.
64 bytes from 192.168.1.100: icmp_ seq =1 ttl =64 time =0.047 ms
```

2）更改 DNS 指向。命令如下：

```
[root@ network002 ~]# vim /etc/resolv.conf
search localdomain
nameserver 192.168.1.100
```

3）使用 nslookup 命令测试 DNS。命令如下：

```
[root@ network002 ~]# nslookup www.test.com    //正向解析
```

```
Server:192.168.1.100
Address:192.168.1.100#53    //从地址为192.168.1.100的机器上获取到域名解析结果如下
Name:www.test.com
Address:192.168.1.12    //解析结果
[root@ network002 ~]# nslookup 192.168.1.12    //反向解析
Server:192.168.1.100
Address:192.168.1.100#53
12.1.168.192.in-addr.arpaname = www.test.com.    //解析结果
```

工作任务 2　配置一台辅域名服务器

【任务描述】

在上个任务的基础上，公司需架设一台辅域名服务器，IP 地址为 192.168.1.101，在区域内的主机名为 dns1。

【知识准备】

一台 DNS 服务器可以管理多个区域，一个区域也可以由多台域名服务器进行管理。在工作任务 1 中，整个区域中只有一台主域名服务器，如果该域名服务器出现故障，整个区域的域名解析就会失败，因此建议一个区域搭建多台域名服务器提供冗余备份及容错功能。一个区域必须有且仅有一台主域名服务器（Master），其他的服务器称为辅域名服务器（Slave）。

当在区域中添加一台新的辅域名服务器，主域名服务器会将自己的区域解析文件发送给辅域名服务器，称为区域传输，从而保持区域内所有域名服务器上的 DNS 数据同步。

【任务实施】

1. 在辅域名服务器上安装 DNS 服务器软件及配置 IP 地址

辅域名服务器必须不能和主域名服务器在一台机器上，操作同工作任务 1，命令如下：

```
[root@ slave ~]# ifconfig
eth2 … inet addr:192.168.1.101 ….
[root@ slave ~]# rpm -q bind
bind-9.7.0-5.P2.el6.i686
```

2. 在主域名服务器上进行修改

在工作任务 1 的基础上，仅修改区域解析文件的内容，在文件中加入如下两行：

```
[root@ network001 ~]# vi /var/named/test.host
@    IN SOA  dns.test.com.  root.dns.test.com. (
     0; serial              //该文件的序列号,每区域传输一次,序列号 +1
     1D; refresh            //定义该文件多长时间进行一次区域传输
     1H; retry              //该文件若出传输失败多长时间重试
     1W; expire             //若无法更新数据,原有的数据何时失效
     3H ); minimum
IN NS dns1.test.com.    //再定义一台辅域名服务器
dns1 IN A 192.168.1.101 //辅域名服务器对应的 IP 地址
```

修改完后重启服务，注意，此处仅进行正向域名解析，所以只更改了正向域名解析文件。

3. 在辅域名服务器上进行配置

辅域名服务器不需要创建区域解析文件，所以只需要修改前两个文件即可：

```
[root@ slave ~]# vim /etc/named.conf
options {                                    //定义全局属性
    listen-on port 53 { 192.168.1.101; };   //服务器监听的网络接口及端口
    allow-query { any; };                    //查询访问控制,限制可使用 DNS 服务的机器范围
    ...
};
[root@ slave ~]# vi /etc/named.rfc1912.zones
zone "test.com"  IN {
    type slave;
    file "slaves/test.host";                 //定义区域传输过来的文件的名称及存放位置
    masters {192.168.1.100;};                //定义主域名服务器的 IP 地址
};
```

4. 分别重启服务并关闭防火墙

```
[root@ network001 ~]# service named restart
停止 named:                                              [确定]
启动 named:                                              [确定]
[root@ slave ~]# service named restart
停止 named:                                              [确定]
启动 named:                                              [确定]
[root@ slave ~]# iptables -F
```

5. 测试

1）服务器重启即开始区域传输，在辅域名服务器上可查看传输过来的区域解析文件，在 slaves 目录下：

```
[root@ slave ~]# cd /var/named/slaves/
[root@ slave slaves]# ls
test.host
```

2）在 Windows 系统的客户端下测试域名解析。

①添加客户端的 DNS 指向，如图 7-7 所示，主域名服务器的 IP 地址填在首选栏里，辅域名服务器作为备用填在备用栏里。

②使用 nslookup 命令测试，如图 7-8 所示。

图 7-7　修改 DNS 指向

```
管理员: C:\Windows\system32\cmd.exe

C:\Users\Administrator>nslookup  www.test.com
服务器:  UnKnown
Address:  192.168.1.100

名称:    www.test.com
Address:  192.168.1.12
```

图 7-8　主域名服务器返还测试结果

可以看到客户端向主域名服务器发送域名解析请求，主域名服务器给予响应。

③关闭主域名服务器上的域名服务，以测试主域名服务器出现故障时的域名解析情况：

```
[root@ network001 ~]# service named stop
停止 named:.                                        [确定]
```

接着在客户端运行测试命令，如图 7-9 所示。

可以看到客户端在主域名服务器停止的情况下，由辅域名服务器响应，仍然可以获取到域名解析结果。

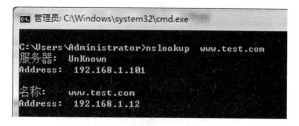

图 7-9　辅域名服务器返还测试结果

单元实训

【实训目标】

配置 DNS 服务器。要求：

1）安装 DNS 服务器软件。

2）熟练修改 DNS 配置文件完成服务器要求。

3）配置和调试 DNS 服务器。

【实训场景】

公司承担 DNS 服务器托管的业务，现在有两个学校向公司申请托管 DNS，一个学校名为 hnzj，另一个名为 hnxx。需要为两个学校分别申请的域名空间为 hnzj. edu. cn 和 hnxx. edu. cn。现 hnzj 学校需要解析其 Web 服务器和 FTP 服务器，域名为 www. hnzj. edu. cn 和 ftp. hnzj. edu. cn，分别对应的 IP 地址为 100. 1. 1. 1 和 100. 1. 1. 2。hnxx 学校需要解析其 Web 服务器和 Email 服务器，域名为 www. hnxx. edu. cn 和 email. hnxx. edu. cn，对应的 IP 地址为 200. 1. 1. 1 和 200. 1. 1. 2。请配置这台 DNS 服务器，使其能为这两个学校提供 DNS 域名解析服务。

【实训环境】

完成本次任务，需要将虚拟机下的 Linux 系统配置为 DNS 服务器，宿主 Windows 系统做客户端。两个系统 IP 地址须设置在同一地址段，联网模式任意，不同联网模式下使用 Windows 系统中不同的网卡。

【实训步骤】

1）安装 DNS 服务器软件。

2）修改主配置文件。

3）修改区域声明文件。

4）修改区域解析文件。

5）测试语法。

6）重启服务器并测试。

单元 8 配置与管理 Web 服务器

学习目标

1）了解 Web 服务器的相关概念。
2）掌握用域名访问的虚拟主机的配置。
3）掌握 Web 服务器的安全性配置。

情境设置

【情境描述】

公司为了宣传企业文化形象，开发了一个企业门户网站。管理员小明需要将制作好的网站发布到 Internet 上。公司采用 Linux 系统作为服务器系统，小明将在其上搭建 Web 服务器。

【问题提出】

1）什么是 URL？
2）什么是虚拟主机？
3）Web 服务器和 DNS 服务器有什么联系？

【实验环境】

在 VMware 中开启 3 台 Linux 系统虚拟机，1 台做 Web 服务器，1 台做 DNS 服务器，另 1 台做客户端，连网模式设为一致。也可以只开启 1 台 Linux 系统虚拟机，同时作为 Web 和 DNS 服务器，并也用作客户端。Windows 系统的客户端可以用宿主系统来模拟，只需根据虚拟机的联网模式选择 Windows 系统中不同的网卡，将 IP 地址设在同一网段。

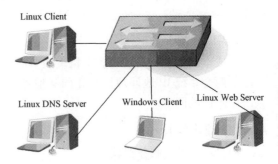

工作任务

工作任务 1 配置基于域名的虚拟主机

图 8-1 实验环境

【任务描述】

公司准备在 Linux 系统的主机上
（192.168.1.100/24）架设 Web 服务器，发布公司和分公司的网站，分别用域名 www.hnzj.com 和 www.xxgc.com 来访问，共用一个 IP 地址和端口。网站内容分别放置在服务器的/var/www/hnzj 和/var/www/xxgc 目录下，主页文件均命名为 index.html，网页编码采用 GB 2312 简体中文，并建立日志文件。

【知识准备】

1. WWW 简介

WWW 是 World Wide Web（环球信息网）的缩写，也可以简称为 Web，中文名字为"万维网"。它起源于 1989 年 3 月，由欧洲核子研究中心（the European Organization for Nuclear Research，CERN）所发展出来的主从结构分布式超媒体系统。Web 服务是目前 Internet 最普及的应用技术之一，它能够使各种信息资源快速地被世界各地共享。该技术的独特之处是采用超链接和多媒体信息。Web 服务器使用超文本标记语言（Hyper Text Marked Language，HTML）描述网络的资源或创建网页，以供 Web 浏览器使用。HTML 文档的特点是交互性强，提供表单供用户填写并通过服务器应用程序提交给数据库。不管是一般文本还是图形，都能链接到服务器上的其他文档，从而使客户快速地搜寻想要的资料。

2. 统一资源标识符

用户所想要访问的网页资源在网络上是由统一资源定位符（URL）来定位的。简单地说，URL 就是资源在网上的"地址"。URL 的标准格式如下：

协议名称://机器地址:端口号/路径名/文件名

1）协议名称：所使用的访问协议，如 HTTP、FTP 等。

2）机器地址：请求的资源所在的机器，可以是 IP 地址，也可以是域名。

3）端口号：请求的资源的数据源端口。

4）路径名：请求的资源所在服务器上的文件路径。这个路径是虚路径，不是服务器文件系统中的绝对路径，而是相对的。

5）文件名：请求的资源的文件名。

其中，可省略的部分有协议名称、端口号、路径名和文件名。默认协议为 HTTP；当服务器在标准端口上提供服务时，即使用默认 80 端口，端口号可以省略；当访问的资源位于 Web 服务器的根目录下时，路径名可以省略；当访问访问的资源名称为默认主页名时，文件名可以省略。

下面是几个 URL 的例子：

http://www. baidu. com

http://www. baidu. com:9081

http://192. 168. 0. 5

http://192. 168. 0. 5/index. html

http://www. hnzj. edu. cn/hnzj/index. html

3. 虚拟主机

现实中，为了避免浪费宝贵的公网 IP 地址，一台服务器上往往要部署好几个网站，甚至多个公司合用一台服务器，这就需要用到虚拟主机技术，其作用主要是用来区分用户要访问的是哪一个网站。Apache 实现的虚拟主机主要有 3 种类型：一是基于 IP 地址的虚拟主机，即在同一台主机上配置多个 IP 地址，每一个虚拟主机拥有独立的 IP 地址，用户根据不同的 IP 地址来访问不同的虚拟主机；二是基于端口的虚拟主机，即在同一台服务器上针对一个 IP 地址和不同的端口来建立虚拟主机，每个端口对应一个虚拟主机，注意需要监听哪个端口，就必须在主配置文件中设置对应的 Listen 端口号；三是基于域名的虚拟主机，即不同的虚拟主机拥有同一 IP 地址和端口，但有不同的域名，由于这种方法最为节省 IP 地址和主机端口资源，因此应用也最为广泛。

4. Apache 服务器主配置文件

Apache 服务器的主配置文件是/etc/httpd/conf/httpd. conf，该文件非常长，内容繁多，应根据具体需求，在理解用途的基础上修改相应配置项。

文件大致分为以下 3 个部分：

1）第一部分是对 Apache 服务器进行全局配置，作为一个整体来控制 Apache 服务器进程的全局环境。

```
ServerType standalone      //定义 WebServer 的启动方式为 standalone,以增强其对大量
访问的及时响应性
ServerRoot "/etc/httpd"    //指定包含 httpd 服务器文件的目录
LockFile /var/lock/httpd.lock
PidFile /var/run/httpd.pid
ScoreBoardFile /var/run/httpd.scoreboard
Timeout 300                //响应超时量,单位为秒
KeepAlive On               //允许用户建立永久连接,不使用此保持连接的功能,即客户一次请
求连接只能响应一个文件,建议用户将此参数的值设置为 On
MaxKeepAliveRequests 100   //在使用保持连接功能时,设置客户一次请求连接能响应文件的最
大上限
KeepAliveTimeout 15        //在使用保持连接功能时,两个相邻的连接的时间间隔超过 15 秒,
就切断连接
MinSpareServers 5          //要保留的空闲服务器进程的最小值
MaxSpareServers 20         //要保留的空闲服务器进程的最大值
StartServers 8             //系统启动时的守护进程数
MaxClients 150             //所能提供服务的最大客户端数量,大于它的部分被放入请求队列
之中
MaxRequestsPerChild 100
LoadModule vhost_alias_module modules/mod_vhost_alias.so
...                        //加载的模块,模块载入的顺序很重要,没有专家的建议,不要修改
以上载入的顺序
```

2）第二部分，以下用于定义主（默认）Web 服务的设置值，响应任何 < VirtualHost > 定义不处理的请求，这些值同时给你稍后在此文件中定义的 < VirtualHost > 提供默认值，所有的标识可能会在 < VirtualHost > 中出现，对应的默认值会被虚拟主机重新定义覆盖。

```
Port 80                    //定义服务器所使用的 TCP 的端口号
User nobody
Group nobody               //以上两行定义 httpd 用户在系统中的身份权限,出于安
全的考虑把它们的权限设置成为最低
ServerAdmin root@ localhost  //设置 Web 管理员的邮件地址
ServerName localhost       //定义客户端从服务器读取数据时返回给客户端的主机
名,其缺省值是 localhost
DocumentRoot "/home/httpd/html"  //设置所有 Apache 所提供的文档的根目录,比如说,用户
对 www.mycompany.com/index.html 的访问请求,Apache 对它的响应就是/home/httpd/html/
index.html
<Directory />
    Options FollowSymLinks
```

```
        AllowOverride None
    < /Directory >                              //目录容器,对某一目录进行设定
    DirectoryIndex index.html index.htm index.shtml index.cgi    //设置默认主页名称,
当客户端没有指明请求的主页名称时,使用该配置项的值
    AccessFileName .htaccess
    <Files ~ "^.ht" >
        Order allow,deny
        Deny from all
    < /Files >                                  //定义分布式配置文件的名称和权限
    ErrorLog /var/log/httpd/error_ log   //定义日志文件全称
    LogLevel warn                               //定义那些错误类型被记录到错误日志中
    LogFormat "%h %l %u %t \"%r\" %>s %b \"%{Referer}i\" \"%{User-Agent}i
\"" combined
    LogFormat "%h %l %u %t \"%r\" %>s %b" common
    LogFormat "%{Referer}i -> %U" referer
    LogFormat "%{User-agent}i" agent
    CustomLog /var/log/httpd/access_ log common    //所有的 LogFormat 都用来定义日志中
的条目
    Alias /icons/ "/home/httpd/icons/"
    ScriptAlias /cgi-bin/ "/home/httpd/cgi-bin/"
    IndexOptions FancyIndexing          //定义虚拟目录
    AddIconByEncoding (CMP,/icons/compressed.gif) x-compress x-gzip       //定义缓
存区大小,以 KB 为单位,可以根据需要和硬盘空间大小进行设置
    CacheGcInterval 4        //每隔 4 小时检查缓存区,如果已经超过 CacheSize 就删除文件
    CacheMaxExpire 24                    //HTTP 文件最多被保持 24 小时
    CacheLastModifiedFactor 0.1        //定义 HTTP 文件失效期,默认是 0.1,意思是说失效期 =
离最近一次修改的时间 X〈factor〉,比如离最近一次修改的时间是 5 小时,那么失效期就是 5*0.1 =
0.5 小时
    CacheDefaultExpire 1    //这一指令提供一个默认的时间(小时)来销毁缓存的文件,这些文件
的最后更改时间不详。CacheMaxExpire 命令不覆盖这一设置
```

3) 第三部分是虚拟主机部分,用户自行定义的 Web 服务写在这一部分。

```
    NameVirtualHost *       //虚拟主机实例,几乎所有的 Apache 标识都可用于虚拟主机内。每一
个 VirtualHost 部分用于申请一个无重复的服务器名
    <VirtualHost * >
        ServerAdmin Webmaster@ dummy-host.example.com
        DocumentRoot /www/docs/dummy-host.example.com
        ServerName dummy-host.example.com
        ErrorLog logs/dummy-host.example.com-error_ log
        CustomLog logs/dummy-host.example.com-access_ log common
    < /VirtualHost >
```

【任务实施】

1. 安装服务器软件

架设 Apache 服务器需要安装如下几个与之相关的软件包:

1) httpd-2.2.15-26.el6.i686.rpm:Apache 的主程序包,服务器端必须安装该软件包。

2) httpd–manual–2. 2. 15–26. el6. noarch. rpm：Apache 帮助手册。

可以使用如下命令检查系统是否已经安装了相应的软件：

```
[root@ network001 ~]# rpm -q httpd
httpd -2.2.15 -45.el6.centos.i686
```

有相应的输出表示软件已经安装。如果系统还没有安装此软件，则需要手动安装。不能连网的情况下，可以采用 rpm 或 yum 的方式，使用本地光盘或 ISO 镜像文件进行安装。光盘一般情况下会被自动挂载，挂载后执行如下命令：

```
[root@ network001 ~]# cd /media/CentOS_6.7_Final/Packages/
[root@ network001 Packages]# rpm - ivh httpd -2.2.15 -45.el6.centos.i686.rpm
```

使用 rpm -ql httpd 命令可以查询到 httpd 软件包所生成的目录和文件，重要的有以下几个。

1）/etc/httpd：Apache 配置文件所在的目录。

2）/etc/httpd/conf/httpd. conf：Apache 服务器的主配置文件。

3）/etc/rc. d/init. d/httpd：httpd 的启动脚本。

4）/usr/sbin/apachectl：Apache 服务器的管理和测试工具。

5）/usr/lib/httpd/modules：存放 Apache 模块的目录。

6）/var/www/html：默认的网页文件的根目录。

7）/var/log/httpd：Apache 服务器日志文件所在的目录。

8）/var/log/httpd/access_ log：访问日志文件，用于记录对 Apache 服务器的访问事件。

9）/var/log/httpd/error_ log：错误日志文件，用于记录 Apache 服务器中的错误事件。

2. 配置 DNS 服务器

网站若要使用域名访问，首先客户端会向 DNS 服务器发送域名解析请求，以获得网站服务器 IP 地址。所以首先需要建立 DNS 服务器，可以用一台 DNS 服务器（IP 地址为 192. 168. 1. 99/24）同时解析 www. hnzj. com 和 www. xxgc. com 的域名。

在/etc/named. rfc1912. zones 文件中建立两个 zone 语句，分别对应两个区域 hnzj. com 和 xxgc. com，此处只做正向解析。

```
[root@ network001 ~]# vi /etc/named.rfc1912.zones
zone "hnzj.com" IN {
    type master;
    file "hnzj.com.hosts";
};
zone "xxgc.com" IN {
    type master;
    file "xxgc.com.hosts";
};
```

然后分别建立两个区域的正向区域解析文件/var/named/hnzj. com. hosts 和/var/named/xxgc. com. hosts，在两个文件中均添加如下语句：

```
dns IN A 192.168.1.99
www IN A 192.168.1.100
```

重启服务器，保证测试成功。

3. 配置 Web 服务器

编辑 Apache 服务器主配置文件,在文件末尾加入两个 VirtualHost 段,一个虚拟主机发布一个网站:

```
[root@ network001 ~]# vim /etc/httpd/conf/httpd.conf
NameVirtualHost 192.168.1.100:80        //开启基于域名的虚拟主机,不同域名对应同一 IP
地址和同一端口
    <VirtualHost 192.168.1.100:80 >        //定义第一台虚拟主机,发布 hnzj 公司的网站
        DocumentRoot /var/www/hnzj        //该虚拟主机上发布的网站根目录
        ServerName www.hnzj.com           //用来访问该虚拟主机的域名
        DirectoryIndex index.html         //网站主页文件名称
        AddDefaultCharset GB2312          //网站字符集编码
        ErrorLog logs/dummy - hnzj.com - error_ log   //错误日志文件
        CustomLog logs/dummy - hnzj.com - access_ log common    //连接日志文件
    <VirtualHost 192.168.1.100:80 >        //定义第二台虚拟主机,发布 xxgc 分公司的网站
        DocumentRoot /var/www/xxgc
        ServerName www.xxgc.com
        DirectoryIndex index.html
        AddDefaultCharset GB2312
        ErrorLog logs/dummy - xxgc.com - error_ log
        CustomLog logs/dummy - xxgc.com - access_ log common
    < /VirtualHost >
```

4. 建立测试用的网站目录及主页文件

以上虚拟主机发布的网站根目录如果不存在,需要在系统中创建。每一个网站的根目录下必须有一个测试用的网页文件,可以是名为 index. html 的主页文件,也可以是其他名称的文件。但如果没有主页文件,用户在访问该网页文件时,需要指明请求的网页名称。

```
[root@ network001 ~]# mkdir -p /var/www/hnzj
[root@ network001 ~]# mkdir /var/www/xxgc
[root@ network001 ~ ]# echo " this is main page for hnzj" > /var/www/hnzj/
index.html
[root@ network001 ~ ]# echo " this is main page for xxgc" > /var/www/xxgc/
index.html
```

5. 设置权限

httpd 服务在系统中运行的身份是 Apache 用户,如果网站根目录没有对 Apache 用户开放权限,则访问网站会遭到拒绝,因此需要把网站根目录的所属用户更改为 Apache。

```
[root@ network001 ~]# chown -R apache /var/www/hnzj
[root@ network001 ~]# chown -R apache /var/www/xxgc
[root@ network001 ~]# ls -ld /var/www/hnzj
drwxr - xr - x. 2 apache root 4096 5 月 18 07:46 /var/www/hnzj
```

若防火墙或 SELinux 对系统有限制,则需要更改或关闭防火墙和 SELinux:

```
[root@ network001 ~]# setenforce 0
[root@ network001 ~]# iptables -F
```

```
[root@ network001 ~]# iptables -L
Chain INPUT (policy ACCEPT)
target prot opt source destination
Chain FORWARD (policy ACCEPT)
target prot opt source destination
Chain OUTPUT (policy ACCEPT)
target prot opt source destination
```

6. 重启服务

服务器在配置文件进行更改后，需要重启才能生效。可以用以下命令对服务器进行重启：

```
[root@ network001 ~]# service httpd restart
```

服务器重启及客户端访问成功或失败的相关信息均保存在相关日志文件中，管理员可以通过日志文件查看服务的运行状况及相关错误信息。日志文件均保存在/var/log/httpd 目录下。

7. 客户端测试

（1）Windows 系统客户端

测试 Web 服务器之前，需要保证两个系统的网络连通性无误和 Windows 系统下测试 DNS 服务成功。

打开浏览器，在地址栏里输入要访问的域名，如图 8-2 所示，Web 服务测试成功，输入不同的域名，浏览器中显示出对应的网页内容。

图 8-2　Windows 系统客户端测试结果

（2）Linux 系统客户端

Linux 客户端下可用文本界面浏览器如 links、lynx 等，如没有该命令可以先安装包含该命令的软件。同样首先要保证 Linux 系统客户端、DNS 服务器、Web 服务器这 3 台 Linux 系统间的网络连通性。

```
[root@ network001 Packages]# lynx www.hnzj.com
```

如测试成功，命令行下会显示请求的主页内容，如下图 8-3 所示。

this is main page for hnzj

图 8-3　Linux 系统客户端测试结果 1

同样的方法测试另外一个网站：

```
[root@ network001 Packages]# lynx www.hnzj.com
```

测试成功，结果如图 8-4 所示。

this is main page for xxgc

图 8-4　Linux 系统客户端测试结果 2

工作任务 2　配置 Web 服务器的安全策略

【任务描述】

公司准备在 Linux 系统的主机上（192.168.1.100）架设 Web 服务器供公司内部访问，管理员小明准备架设一台基于 IP 的虚拟主机，用 IP 地址 192.168.1.100（端口 80）访问，网站的根目录为/var/www/IP100，主页为 index.html，只允许来自 IP 地址段 192.168.1.0/24 的主机访问。xiaoming 用户可以访问到网站目录下的内容，并且可以访问系统中他个人主目录/home/xiaoming 目录下的内容，但是要访问该外部目录，xiaoming 用户必须输入用户名和密码。

【知识准备】

1. 用户认证

用户认证在网络安全中是非常重要的技术之一，它是保护网络系统资源的第一道防线。用户认证控制着所有登录并检查访问用户的合法性，其目标是仅让合法用户以合法的权限访问网络系统的资源。当用户第一次访问启用用户认证目录下的任何文件时，浏览器会显示一个对话框，要求输入正确的登录用户名和密码进行用户身份的确认。若是合法用户，则显示所访问的文件内容，此后访问该目录的每个文件时，浏览器都会自动送出用户名和密码，不用重复输入，直到关闭浏览器为止。用户认证功能起到了一个屏障的作用，限制非授权用户非法访问一些私有的内容。

一般情况下，认证的配置选项出现在主配置文件的 Directory 容器中，相关选项有以下几个。

1）AuthName 命令：指定认证区域名称，该名称是在提示要求认证的对话框中显示给用户的。

2）AuthType 命令：指定认证类型；在 HTTP 1.0 中，只有 basic 一种认证类型；在 HTTP 1.1 中有几种认证类型，如 MD5。

3）AuthUserFile 命令：指定一个包含用户名和密码的文本文件，每行一对。

4）AuthGroupFile 命令：指定包含用户组清单和这些组的成员清单的文本文件，组的成员之间用空格分开。例如：

```
managers:user1 user2
```

5）require 命令：指定哪些用户或组才能被授权访问。例如：

```
require user user1 user2        //只有用户 user1 和 user2 可以访问
require groups managers         //只有组 managers 中成员可以访问
require valid-user              //在 AuthUserFile 指定的文件中任何用户都可以访问
```

上面选项定义了认证文件的保存位置和名称，接下来可以用 Apache 自带的 htpasswd 命令来建立和更新该认证文件。需要注意的是，此文件必须位于不能被网络访问的位置，以免泄露。

2. 虚拟目录

对位于主目录以外的其他目录进行发布，就必须创建虚拟目录。虚拟目录尽管不包含在

Apache 的主目录中，但在访问 Wed 网站的用户看来，它就像是一个位于主目录中的子目录。使用虚拟目录的好处有以下几个：

1）便于访问。虚拟目录的别名通常要比其真实路径名短，访问起来更便捷。

2）便于移动网站中的目录。只要虚拟目录名（别名）不变，即使更改了虚拟目录的实际存放位置，也不会影响用户使用固定的 URL 进行访问。

3）能灵活增加磁盘空间。虚拟用户能够提供的磁盘空间几乎是无限的，适合于提供对磁盘空间的要求加大的 VOD 服务、个人主页服务或其他 Wed 服务。

4）安全性好。由于每个虚拟目录都可以分别设置访问权限，因此非常适合于不同用户对不同目录拥有不同权限的情况。此外，只有知道某个虚拟目录名（别名）的用户才能访问该虚拟目录。因此，黑客由于不知道该虚拟目录的实际存放位置而难以进行破坏。

使用 Alias 选项可以创建虚拟目录，在主配置文件中，Apache 默认已经创建了两个虚拟目录/icons 和/manual，分别对应的物理路径是/var/www/icons 和/var/www/manual。实现的配置语句如下：

```
Alias /icons "/var/www/icons"
Alias /manual "/var/www/manual"
```

对该目录的个性化设置可以通过目录容器来实现：

```
<Directory /var/www/icons >
...
< /Directory >
```

3. 分布式配置

分布式配置，即使用 . htaccess 文件对单一目录进行访问控制，方便管理员对服务器上各个不同的网站目录进行分别配置。任何出现在主配置文件 httpd. conf 中的配置选项都有可能出现在 . htaccess 文件中。该文件名称在 httpd. conf 文件中的 AccessFileName 选项中指定。

主配置文件中与该文件相关的内容如下：

```
AccessFileName .htaccess
<Files ~ "^\.ht" >
    Order allow,deny
    Deny from all
    Satisfy All
< /Files >
```

以上语句设定该文件不能被用户访问。

使用分布式配置需要在主配置文件 httpd. conf 中，使用 AllowOverride 命令来启用 . htaccess 文件，并且对其覆盖的配置项进行设定。该配置语句用在 Directory 容器中，用来对每个目录进行设置。并且需要在 . htaccess 文件覆盖的目录（需要单独设置访问控制权限的目录）下生成 . htaccess 文件，并对其进行编辑，设置访问控制权限。

4. 服务器的访问控制

Apache 实现访问控制的配置选项包括如下 3 种。

order：指定执行允许访问控制规则（allow）或拒绝访问控制规则（deny）的顺序。

allow from：指定允许访问的客户机。如 "allow from all" 表明允许来自所有主机访问。

deny from：指定禁止访问的客户机。如"deny from stiei. edu. cn"表明禁止来自
stiei. edu. cn 域中的所有主机访问。

注意：Order 定义了 allow 与 deny 的执行顺序，如果二者有矛盾的话，以后的规制为准。
另外，allow、deny 的执行顺序与后面的 allow from、deny from 的顺序无关。在 allow from 和 deny
from 指定客户机时，允许使用如下写法：

1）网络/子网掩码，如 192. 168. 10. 0/255. 255. 255. 0 或 192. 168. 10. 0/24。

2）单个 IP 地址，如 192. 168. 10. 123。

3）域名，如 xx. com。

【任务实施】

1. 修改服务器主配置文件

对服务器不同的要求，只须直接在服务器的配置文件中找到相应的配置项进行修改来完
成。文件内容修改如下：

```
[root@ network001 ~]# vi /etc/httpd/conf/httpd.conf
ServerName localhost:80
<VirtualHost 192.168.1.100:80>      //定义一台基于 IP 的虚拟主机
    DocumentRoot /var/www/IP100       //该虚拟主机上发布的网站根目录
    ServerName 192.168.1.100          //网站使用 IP 地址访问
    DirectoryIndex index.html         //定义默认主页名称
    <Directory /var/www/IP100>        //目录容器,对某单一目录进行设置
    AllowOverride None                //该目录不启用分布式配置
    Order Allow,Deny                  //访问控制,只允许来自 192.168.1.0/24 网段的主机访问
    Allow from 192.168.1.0/24
    </Directory>
    Alias /work /home/xiaoming         //定义虚拟目录,用虚拟目录/work 来链接到网站主
目录之外的/home/xiaoming 目录
    <Directory /home/xiaoming>
    AllowOverride AuthConfig Options   //加载分布式配置,并指定分布式配置覆盖的功能
选项
    </Directory>
    ErrorLog logs/neibu-error_log     //日志文件
    CustomLog logs/neibu-access_log common
</VirtualHost>
```

2. 建立网站主目录及测试用主页文件

以上虚拟主机发布的网站根目录如果不存在，则需要在系统中创建。每一个网站的根目录
下必须有一个测试用的网页文件，文件内容不能为空。

```
[root@ network001 ~]# mkdir /var/www/IP100
[root@ network001 ~]# vim /var/www/IP100/index.html
[root@ network001 ~]# cat /var/www/IP100/index.html
hellotest1
```

3. 添加用户 xiaoming，建立/home/xiaoming 目录及测试用子目录与文件

为系统创建测试用的用户 xiaoming，并保证其个人主目录不为空目录。

```
[root@ network001 ~]# useradd -d /home/xiaoming xiaoming
[root@ network001 ~]# tail /etc/passwd
xiaoming:x:501:501::/home/xiaoming:/bin/bash
[root@ network001 ~]# cd /home/xiaoming/
[root@ network001 xiaoming]# touch file1
[root@ network001 xiaoming]# mkdir dir1
```

4. 建立分布式配置文件

在 xiaoming 用户的个人主目录下，建立分布式配置文件 .htaccess，因为访问该目录需要认证，将认证相关的选项写在分布式配置文件里。

```
[root@ network001 xiaoming]# vim .htaccess
AuthType Basic
    AuthName "name"
    AuthUserFile /etc/httpd/authpasswd
    Require user xiaoming
Options Indexes
```

5. 建立保存用户名和密码的数据库文件及添加认证用户

xiaoming 用户需要输入用户名和密码才能访问网站中的内容，因此需要创建认证用户的数据库文件，并将 xiaoming 用户添加到该文件当中。

```
[root@ network001 ~]#htpasswd -cmb /etc/httpd/authpasswd xiaoming 123
```

该命令中，-c 是新建数据库文件的参数，-m 用来添加用户到文件的末尾，-b 用来设置密码，将密码写在用户名后面，作为该命令最后一个参数。

6. 修改权限

修改分布式配置文件的用户，使 Apache 进程可以读取该文件。

```
[root@ network001 ~]# chmod 755 /home/xiaoming
[root@ network001 ~]# chown apache /home/xiaoming/.htaccess
```

7. 重启

```
[root@ network001 ~]# service httpd restart
停止 httpd:                                    [确定]
正在启动 httpd:                                 [确定]
```

8. 测试

在 Windows 系统中，保证 Windows 系统与 Linux 服务器之间连通性无误的前提下，进行测试。

在浏览器地址栏里输入 Linux 服务器 IP 地址，访问到网站主页内容，如图 8-5 所示。

图 8-5　测试主页结果

在浏览器地址栏里输入 URL "192.168.1.100/work"，出现对话框，提示用户需要输入用户名和密码才能访问网站下该目录，如图 8-6 所示。

图 8-6　测试网站下虚拟目录结果

输入用户名 "xiaoming" 和密码 "123" 后，用户可以浏览到 work 目录下的内容，即服务器系统中/home/xiaoming 目录下的内容，如图 8-7 所示。

图 8-7　测试网站下虚拟目录认证结果

单元实训

【实训目标】

配置 Web 服务器。要求：

1）安装 Web 服务器软件。

2）熟练修改 Web 配置文件，完成服务器要求。

3）熟悉 Web 服务器安全策略的配置。

【实训场景】

公司现需要将做好的网站发布出去，使公司的客户可以使用域名 http://www.hnzj.com 来访问网站。公司内部 1 台 Linux 系统的主机（192.168.1.100）用来架设 Web 服务器，网站的根目录为/var/www/hnzj，主页为 index.php。服务器通过 NAT 映射到公网 IP 地址 202.102.10.1，供 Internet 上的用户访问，禁止公司内部除 192.168.1.0/24 网段的其他主机访问。管理员 xiaoming 用户出差期间，可以访问到网站目录下的内容，并且可以访问系统中他个人主目录/home/xiaoming 目录下的内容，但是要访问该外部目录，xiaoming 用户必须输入用户名和密码。要求启用分布式配置。

【实训环境】

完成本次任务，需要开启两台 Linux 系统虚拟机，1 台做 DNS 服务器，1 台做 Web 服务器，用宿主系统来做客户端。保证 3 个系统的网段均在 192. 168. 1. 0/24 网段且联网模式一致。

【实训步骤】

1）安装 DNS 和 Web 服务器软件。

2）配置 DNS 服务器。

3）修改 Web 服务器配置文件。

4）创建分布式配置文件。

5）创建用户名和密码文件。

6）创建测试用的网站目录和网页文件。

7）重启服务器并测试。

单元 9　配置与管理 Samba 服务器

学习目标

1）了解 Samba 及 SMB 协议。
2）理解 Samba 的工作原理。
3）掌握主配置文件 Samba.conf 的主要配置。
4）掌握 Samba 文件和打印共享的设置。

情境设置

【情境描述】

小明在公司里已经搭建好了基本的服务器环境，员工的计算机可以自动联网并可以通过访问 Web 服务器来接收通知和了解最新的咨询。但有员工提出新的要求，需要相互访问共享的文件并避免越权的访问。

小明决定搭建一个分布式文件系统，将各个部门的共享文件统一集中管理，实现高效、安全的文件访问。

【问题提出】

1）Windows 系统中如何进行文件共享？
2）文件共享如何避免越权访问？
3）Windows 和 Linux 能否实现跨系统文件和打印机共享？

工作任务

工作任务 1　安装 Samba

【任务描述】

公司需要在 Linux 服务器上安装 Samba 并进行检查验证是否安装成功。

【知识准备】

Samba 是一个能让 Linux 系统应用 Microsoft 网络通信协议 SMB（Server Message Block，服务器消息块）的软件，其最大的功能就是可以用于 Linux 与 Windows 系统直接的文件共享和打印共享，也可以用于 Linux 与 Linux 之间的资源共享。由于 NFS（网络文件系统）可以很好地完成 Linux 与 Linux 之间的数据共享，因而 Samba 较多的用在了 Linux 与 Windows 之间的数据共享上面。

SMB 是基于客户机/服务器型的协议，因而一台 Linux 计算机既可以充当文件共享服务器，也可以充当一个 Samba 的客户端。组成 Samba 运行的有两个服务，一个是 SMB，另一个是 NMB。SMB 是 Samba 的核心启动服务，主要负责建立 Samba 服务器与 Samba 客户机之间的对话，验证用户身份并提供对文件和打印系统的访问，只有 SMB 服务启动，才能实现文件的共享，监听 TCP 的 139 端口；而 NMB 服务是负责解析用的，类似于 DNS 实现的功能，可以把 Linux 系统共享的工作组名称与其 IP 地址对应起来，如果 NMB 服务没有启动，就只能通过 IP 地址来访问共享文件，监听 UDP 的 137 和 138 端口。

例如，某台 Samba 服务器的 IP 地址为 192.168.1.1，对应的主机名为 SambaServer，在 Windows 下查看 Linux Samba 服务器共享目录有两种方法：

```
\\192.168.1.1\共享目录名
\\SambaServer\共享目录名
```

【任务实施】

在可以联网的机器上使用 yum 工具安装 Samba，如果未联网，则使用系统光盘进行安装。命令如下：

```
# yum install samba samba - client samba - swat
```

有依赖关系的包 samba-common、samba-winbind、samba-winbind-clients、libsmbclient 将自动安装（更新）。图 9-1 所示为 Samba 相关软件安装和更新提示，输入"y"后即可开始安装。

```
================================================================================
Package                   Arch           Version               Repository      Size
================================================================================
Installing:
 samba                    i686           3.6.23-36.el6_8        updates        5.1 M
 samba-client             i686           3.6.23-36.el6_8        updates         11 M
 samba-swat               i686           3.6.23-36.el6_8        updates        7.4 M
Installing for dependencies:
 xinetd                   i686           2:2.3.14-40.el6        base           123 k
Updating for dependencies:
 libsmbclient             i686           3.6.23-36.el6_8        updates        1.6 M
 samba-common             i686           3.6.23-36.el6_8        updates         10 M
 samba-winbind            i686           3.6.23-36.el6_8        updates        2.2 M
 samba-winbind-clients    i686           3.6.23-36.el6_8        updates        2.0 M

Transaction Summary
================================================================================
Install        4 Package(s)
Upgrade        4 Package(s)

Total download size: 39 M
Is this ok [y/N]: y
```

图 9-1　Samba 相关软件

查看安装情况，命令如下：

```
# rpm - qa |grep samba
```

图 9-2 所示为查看到已安装的 Samba 相关软件。

```
[root@localhost ~]# rpm -qa | grep samba
samba-common-3.6.23-36.el6_8.i686
samba-swat-3.6.23-36.el6_8.i686
samba-winbind-3.6.23-36.el6_8.i686
samba-client-3.6.23-36.el6_8.i686
samba-3.6.23-36.el6_8.i686
samba-winbind-clients-3.6.23-36.el6_8.i686
samba4-libs-4.0.0-58.el6.rc4.i686
```

图 9-2　已安装的 Samba 相关软件

samba-common-3.6.23-36.el6_8.i686：主要提供 Samba 服务器的配置文件与配置文件语法检验程序 testparm。

samba-swat-3.6.23-36.el6_8.i686：基于 HTTPS 的 Samba 服务器 Web 配置界面。

samba-winbind-3.6.23-36.el6_8.i686：把 Windows 域账号里的用户和组信息，映射成 Linux 的用户和组的服务库。

samba-client-3.6.23-36.el6_8.i686：客户端软件，主要提供 Linux 主机作为客户端时，所需要的工具指令集。

samba-3.6.23-36.el6_8.i686：服务器端软件，主要提供 Samba 服务器的守护程序、共享文档、日志的轮替以及开机默认选项。

samba-winbind-clients-3.6.23-36.el6_8.i686：把 Windows 域账号里的用户和组信息，映射成 Linux 的用户和组的客户端工具。

samba4-libs-4.0.0-58.el6.rc4.i686：Samba 软件用到的库。

Samba 服务器安装完毕，会生成配置文件目录/etc/samba 和其他一些 Samba 可执行命令工具，/etc/samba/smb.conf 是 Samba 的核心配置文件，/etc/init.d/smb 是 Samba 的启动/关闭文件。

工作任务 2　实现文件和打印共享

【任务描述】

公司现有一个工作组 workgroup，需要添加 Samba 服务器作为文件服务器，并发布共享目录/share，共享名为 public，此共享目录允许所有员工访问。

公司现有多个部门，因工作需要，将研发部的资料存放在 Samba 服务器的/rdd 目录中集中管理，以便研发部的人员浏览，并且该目录只允许研发部员工访问，只允许研发部经理对数据进行维护。

【知识准备】

Samba 的主配置文件为/etc/samba/smb.conf，由以下两部分构成：

1）Global Settings（全局设置）。该设置都是与 Samba 服务器整体运行环境有关的选项，它的设置项目是针对所有共享资源的。

2）Share Definitions（共享设置）。该设置针对的是共享目录个别的设置，只对当前的共享资源起作用。

全局设置如下：

```
# = = = = = = = = = = = = = = = =Global Settings = = = = = = = = = = = = = = = = = = =
[global]
    config file = /usr/local/samba/lib/smb.conf.%m
```

说明：config file 可以让用户使用另一个配置文件来覆盖默认的配置文件。如果文件不存在，则该项无效。这样可以使得 Samba 配置更灵活，可以让一台 Samba 服务器模拟多台不同配置的服务器。

```
    workgroup = WORKGROUP
```

说明：设定 Samba 服务器所要加入的工作组或者域。

```
server string = Samba Server Version %v
```

说明：设定 Samba 服务器的注释，可以是任何字符串。宏"%v"表示显示 Samba 的版本号。

```
netbios name = smbserver
```

说明：设置 Samba 服务器的 NetBIOS 名称。如果不填，则默认会使用该服务器的 DNS 名称的第一部分。注意 netbios name 和 workgroup 名字不能相同。

```
interfaces = lo eth0 192.168.1.2/24 192.168.2.2/24
```

说明：设置 Samba 服务器正在监听的网卡，可以写网卡名，也可以写该网卡的 IP 地址，不同网卡之间用半角的空格隔开。

```
hosts allow = 127. 192.168.1. 192.168.2.1
```

说明：表示允许连接到 Samba 服务器的客户端，多个参数以半角的空格隔开。可以用一个 IP 地址表示，也可以用一个网段表示。hosts deny 与 hosts allow 的作用相反。例如，"hosts allow = 192.168.1. EXCEPT 192.168.1.44"表示允许来自 192.168.1.* 的主机连接，但排除 192.168.1.44；"hosts allow = 192.168.1.0/255.255.0.0"表示允许来自 192.168.1.0/255.255.0.0 子网中的所有主机连接；"hosts allow = @company"表示容许来自 company 域的所有计算机连接。

```
max connections = 0
```

说明：用来指定连接 Samba 服务器的最大连接数目，0 表示不限制。

```
deadtime = 0
```

说明：用来设置断开一个没有下一步操作的连接的时间，单位是分钟，0 代表 Samba 服务器不自动切断任何连接。

```
time server = yes/no
```

说明：用来设置让 nmdb 成为 Windows 客户端的时间服务器。

```
log file = /var/log/samba/log.%m
```

说明：设置 Samba 服务器日志文件的存储位置以及名称。在文件名后加个宏"%m"（主机名），表示对每台访问 Samba 服务器的机器都单独记录一个日志文件。

```
max log size = 50
```

说明：设置 Samba 服务器日志文件的最大容量，单位为 KB，0 代表不限制。

```
security = user
```

说明：设置用户访问 Samba 服务器的验证方式，一共有 4 种验证方式。

1）share：用户访问 Samba 服务器不需要提供用户名和密码，安全性能较低。

2）user：Samba 服务器共享目录只能被授权的用户访问，由 Samba 服务器负责检查用户名和密码的正确性。

3）server：依靠其他 Windows NT 或 Samba 服务器来验证用户名和密码，是一种代理验证。此种安全模式下，远程服务器自动认证全部用户名和密码，如果认证失败，Samba 将使用 user

安全模式作为替代的方式。

4）domain：域安全级别，使用主域控制器（PDC）来完成认证。

```
passdb backend = tdbsam
```

说明：passdb backend 表示用户后台，目前有以下 3 种后台。

1）smbpasswd：该方式使用 SMB 自己的工具 smbpasswd 来给系统用户（真实用户或者虚拟用户）设置一个 Samba 密码，客户端就用这个密码来访问 Samba 的资源。smbpasswd 文件默认在/etc/samba 目录下，不过有时候要手工建立该文件。

2）tdbsam：该方式使用一个数据库文件来建立用户数据库，该数据库文件叫作 passdb.tdb，默认在/etc/samba 目录下。

3）ldapsam：该方式基于 LDAP 的账户管理方式来验证用户。

```
encrypt passwords = yes/no
```

说明：是否将认证密码加密。配置文件默认已开启。

```
smb passwd file = /etc/samba/smbpasswd
```

说明：用来定义 Samba 用户的密码文件。smbpasswd 文件如果没有就要手工新建。

```
username map = /etc/samba/smbusers
```

说明：用来定义用户名映射，比如可以将 root 换成 zhangm、admin 等，从而提高系统安全性。例如，"root = zhangm admin"，这样就可以用 zhangm 或 admin 这两个用户来代替 root 登录，避免黑客获得系统用户名。

```
guest account = nobody
```

说明：用来设置 guest 映射用户名。

```
domain logons = yes/no
```

说明：设置 Samba 服务器是否要作为本地域控制器。主域控制器和备份域控制器都需要开启此项。

```
load printers = yes/no
```

说明：设置是否在启动 Samba 时就共享打印机。

```
printcap name = cups
```

说明：设置共享打印机的配置文件。

```
printing = cups
```

说明：设置 Samba 共享打印机的类型。现在支持的打印系统有 bsd、sysv、plp、lprng、aix、hpux 和 qnx。

共享设置如下：

```
# = = = = = = = = = = = = = = = = = Share Definitions = = = = = = = = = = = = = = = = = =
［共享名］
comment = 任意字符串
```

说明：对该共享的描述。

path = 共享目录路径

说明：用来指定共享目录的路径。可以用宏"%u""%m"来代替路径里的 UNIX 用户和客户机的 NetBIOS 名称，用宏表示主要用于［homes］共享域。

例如，如果不打算用 home 段作为客户的共享，而是在/home/share/下为每个 Linux 用户以他的用户名建个目录，作为他的共享目录，这样 path 就可以写成"path = /home/share/%u;"。要注意对应的用户名路径一定要存在，否则，客户机在访问时会出错。同样，如果以客户机来划分目录，为网络上每台可以访问 Samba 的机器都各自建个以它的 NetBIOS 名称的路径，作为不同机器的共享资源，就写成"path = /home/share/%m;"。

browseable = yes/no

说明：用来指定该共享是否可以浏览。

writable = yes/no

说明：用来指定该共享路径是否可写。

available = yes/no

说明：用来指定该共享资源是否可用。

admin users = 该共享的管理者

说明：用来指定该共享的管理员（对该共享具有完全控制权限）。如果用户验证方式设置成"security = share"时，此项无效。多个用户中间用逗号隔开，如"admin users = david, sandy"。

valid users = 允许访问该共享的用户

说明：用来指定允许访问该共享资源的用户。多个用户或者组中间用逗号隔开，如果要加入一个组就用"@组名"表示，如"valid users = david, @dave, @tech"。

invalid users = 禁止访问该共享的用户

说明：用来指定不允许访问该共享资源的用户。

write list = 允许写入该共享的用户

说明：用来指定可以在该共享下写入文件的用户。

public = yes/no

说明：用来指定该共享是否允许 guest 账户访问。

guest ok = yes/no

说明：作用同 public。

在默认的 smb. conf 文件中有下面几个特殊的共享域，请读者试着根据以上的说明进行解释。

```
[homes]
comment = Home Directories
```

```
browseable = no
writable = yes
valid users = %S
; valid users = MYDOMAIN\%S

[printers]
comment = All Printers
path = /var/spool/samba
browseable = no
guest ok = no
writable = no
printable = yes

[netlogon]
comment = Network Logon Service
path = /var/lib/samba/netlogon
guest ok = yes
writable = no
share modes = no

[Profiles]
path = /var/lib/samba/profiles
browseable = no
guest ok = yes
```

Samba 安装好后，使用 testparm 命令可以测试 smb. conf 配置是否正确。使用 testparm –v 命令可以详细地列出 smb. conf 支持的配置参数。

【任务实施】

1. 准备工作

1）建立共享目录及设置权限。上面设置了共享目录为/share，下面就需要建立/share 目录。命令如下：

```
# mkdir /share
# cd /share
# touch test.txt
# ls
```

由于要设置匿名用户可以下载或上传共享文件，所以要给/share 目录授权为 nobody 权限。命令如下：

```
# chown –R nobody:nobody /share/
# ls –l /share/
```

在根目录下建立/rdd 文件夹，专门存放研发部内部的文件。命令如下：

```
# mkdir /rdd
# cd /rdd
# touch rdd_ test.txt
# ls
```

```
# chmod 750 /rdd
# chown rdd:wang /rdd
```

建立共享目录及设置权限完成后，效果如图 9-3 所示。

```
[root@localhost ~]# mkdir  /share
[root@localhost ~]# cd  /share
[root@localhost share]# touch  test.txt
[root@localhost share]# ls
test.txt
[root@localhost share]# chown -R nobody:nobody  /share/
[root@localhost share]# ls -l  /share/
总用量 0
-rw-r--r--. 1 nobody nobody 0 8月  29 21:42 test.txt
[root@localhost share]# mkdir  /rdd
[root@localhost share]# cd  /rdd
[root@localhost rdd]# touch  rdd_test.txt
[root@localhost rdd]# ls
rdd test.txt

[root@localhost ~]# chmod  750  /rdd
[root@localhost ~]# chown  wang:rdd  /rdd
```

图 9-3　建立共享目录及设置权限

2）添加 rdd 组和用户并添加到 Samba 账户。命令如下：

```
# groupadd rdd
# useradd –g rdd zhang
# useradd –g rdd wang
# passwd zhang
```

可以看出，建立用户的同时加入到相应的组中的命令格式如下：

```
useradd –g 组名 用户名
```

将刚才建立的两个用户添加到 Samba 账户中。命令如下：

```
# smbpasswd –a zhang
# smbpasswd –a wang
```

新建用户并添加到 Samba 账户完成后，效果如图 9-4 所示。

```
[root@localhost rdd]# groupadd  rdd
[root@localhost rdd]# useradd  -g  rdd  zhang
[root@localhost rdd]# useradd  -g  rdd  wang
[root@localhost rdd]# passwd  zhang
更改用户 zhang 的密码 。
新的 密码:
无效的 密码:  过短
无效的 密码:  过于简单
重新输入新的 密码:
passwd: 所有的身份验证令牌已经成功更新。
[root@localhost rdd]# smbpasswd  -a  zhang
New SMB password:
Retype new SMB password:
Added user zhang.
[root@localhost rdd]# smbpasswd  -a  wang
New SMB password:
Retype new SMB password:
Added user wang.
```

图 9-4　新建用户并添加到 Samba 账户中

2. 备份和修改主配置文件 smb. conf

1）默认的 smb. conf 文件有很多个选项和内容，比较烦琐。所以在任务实施前，最好先备份一下自己的 smb. conf 文件，然后再根据需求进行修改。命令如下：

```
# cp /etc/samba/smb.conf /etc/samba/smb.conf.bak
```

2）修改 Samba 的主配置文件 smb. conf 的命令及内容如下：

```
# vi /etc/samba/smb.conf
#= = = = = = = = = = = = = Global Settings = = = = = = = = = = = = = = = = = = =
[global]
workgroup = WORKGROUP                //定义工作组,也就是 Windows 中的工作组概念
server string = Samba Server Version %v   //定义 Samba 服务器的简要说明
netbios name = SambaServer           //定义 Windows 中显示出来的计算机名称
log file = /var/log/samba/log.%m     //定义 Samba 用户的日志文件,%m 代表客户端主机名
// - - - - - - - - - - - - - Standalone Server Options - - - - - - - - - - - - - -
security = user                      //共享级别,用户不需要账号和密码即可访问
//= = = = = = = = = = = = = Share Definitions = = = = = = = = = = = = = = = = = =
[public]   //设置针对的是共享目录个别的设置,只对当前的共享资源起作用
comment = Public Stuff               //对共享目录的说明信息
path = /share                        //用来指定共享的目录
public = yes                         //所有人可查看
[homes]                              //设置用户宿主目录
comment = Home Directories
browseable = no
writable = yes
; valid users = %S
; valid users = MYDOMAIN\%S           //前面用";"引导,表示该行参数被注释掉,不起作用
[rdd]    //rdd 组目录,只允许 rdd 组成员访问,部门经理 wang 修改
comment = Research and Development Department
path = /rdd
valid users = @ rdd
Write list = wang
```

工作任务 3　管理和测试 Samba 服务器

【知识准备】

网络管理员要对 Samba 服务器进行日常的管理和维护，包括对 SMB 服务的启动、重启、停止等操作并查看其状态，以及要测试服务器是否正常提供服务，及时处理运维中出现的问题。

【任务实施】

1. 测试 smb. conf 配置是否正确

测试命令如下，测试结果如图 9-5 所示。

```
# testparm
```

```
[root@localhost ~]# testparm
Load smb config files from /etc/samba/smb.conf
rlimit_max: increasing rlimit_max (1024) to minimum Windows limit (16384)
Processing section "[public]"
Processing section "[homes]"
Processing section "[rdd]"
Loaded services file OK.
Server role: ROLE_STANDALONE
Press enter to see a dump of your service definitions

[global]
        netbios name = SAMBASERVER
        server string = Samba Server Version %v
        log file = /var/log/samba/log.%m
        client signing = required
        idmap config * : backend = tdb

[public]
        comment = Public Stuff
        path = /share
        guest ok = Yes

[homes]
        comment = Home Directories
        read only = No
        browseable = No
```

图 9-5　测试配置文件

2. 启动 SMB 服务

可以通过 service smb start/stop/restart 命令来启动、关闭或重启 SMB 服务。启动 SMB 服务如图 9-6 所示。

```
[root@localhost ~]# service smb start
启动 SMB 服务:                                              [ 确定 ]
```

图 9-6　启动 SMB 服务

3. 重启 SMB 服务

注意: 如果 SMB 服务已处于关闭状态,则重启会提示关闭失败。重启 SMB 服务如图 9-7 所示。

```
[root@localhost ~]# service smb restart
关闭 SMB 服务:                                              [ 确定 ]
启动 SMB 服务:                                              [ 确定 ]
```

图 9-7　重启 SMB 服务

重新加载配置,命令如下:

service smb reload

重新加载执行结果如图 9-8 所示。

```
[root@localhost ~]# service smb reload
重新载入 smb.conf 文件:                                      [ 确定 ]
```

图 9-8　SMB 服务重新加载配置

4. 查看 SMB 服务的状态

查看命令如下:

```
# service smb status
```

查看到 SMB 服务正在运行，如图 9-9 所示。

```
[root@localhost ~]# service   smb   status
smbd (pid   7081) 正在运行...
```

图 9-9　查看 SMB 服务的状态

5. 设置开机自启动

在实际应用中，如果频繁地启用 SMB 服务是一项很烦琐的工作。因此，用户可以将其设置为随系统启动而自动加载。现在要在 3、5 级别上自动运行 SMB 服务。命令如下

```
# chkconfig − −list｜grep smb
# chkconfig − −level 35 smb on
```

将 SMB 服务设置为开机自启动并检查，如图 9-10 所示。

```
[root@localhost ~]# chkconfig  --list | grep  smb
smb              0:关闭  1:关闭  2:关闭  3:关闭  4:关闭  5:关闭  6:关闭
You have new mail in /var/spool/mail/root
[root@localhost ~]# chkconfig  --level  35  smb  on
[root@localhost ~]# chkconfig  --list | grep  smb
smb              0:关闭  1:关闭  2:关闭  3:启用  4:关闭  5:启用  6:关闭
```

图 9-10　设置 SMB 服务为开机自启动并检查

6. 访问 Samba 服务器的共享文件

1）在 Linux 下访问 Samba 服务器的共享文件。命令如下：

```
# smbclient //192.168.44.129/public
```

在本机上测试，就出现如图 9-11 所示的错误。这是由于 root 仅仅只是系统用户，而没有将它加入到 Samba 账户中来，换言之，用来登录 Samba 服务器的账户，首先是一个系统用户，同时还应是 Samba 账户。

```
[root@localhost ~]#  smbclient  //192.168.44.129/public
Enter root's password:
session setup failed: NT_STATUS_LOGON_FAILURE
```

图 9-11　使用 root 测试错误

所以将 root 加入 Samba 账户，或者使用 Samba 账户 zhang 登录测试，密码为 123456，命令如下。这样可以登录，但没有权限访问，如图 9-12 所示。

```
# smbclient //192.168.44.129/public −U zhang%123456
```

```
[root@localhost ~]# smbclient  //192.168.44.129/public  -U  zhang%123456
Domain=[WORKGROUP] OS=[Unix] Server=[Samba 3.6.23-36.el6_8]
smb: \> ls
NT_STATUS_ACCESS_DENIED listing \*
smb: \> ls
NT_STATUS_ACCESS_DENIED listing \*
smb: \> quit
```

图 9-12　使用 zhang 账户登录后访问失败

访问失败的原因是被 SELinux 阻挡，所以要将 SELinux 关闭，命令如下。再测试就成功了，如图 9-13 所示。

```
# setenforce 0

 [root@localhost ~]# setenforce 0
 [root@localhost ~]# smbclient  //192.168.44.129/public  -U  zhang%123456
 Domain=[WORKGROUP] OS=[Unix] Server=[Samba 3.6.23-36.el6_8]
 smb: \> ls
   .                                   D        0  Mon Aug 29 21:42:08 2016
   ..                                  DR       0  Mon Aug 29 21:43:25 2016
   test.txt                                     0  Mon Aug 29 21:42:08 2016

            50396 blocks of size 1048576. 42938 blocks available
```

图 9-13　关闭 SELinux 后测试成功

2）在 Windows 系统中访问 Samba 服务器的共享文件。到 Windows 客户端验证，访问 \\192.168.44.129，如果出现错误提示，如图 9-14 所示。

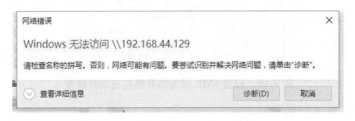

图 9-14　Windows 访问失败

这时首先要判断网络是否连通，通过 ping 命令测试一下，如图 9-15 所示。

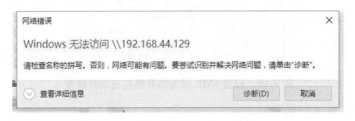

图 9-15　测试网络连通性

如果和图 9-15 中一样的结果，说明网络是连通的，而且本机测试正常，说明 Samba 服务没有问题，这样只剩下一个可能——被防火墙阻挡。只需要在防火墙中添加一条放行规则或关闭防火墙即可，这里选择强行关闭防火墙，再进行测试。命令如下：

```
# service iptables stop
```

提示输入用户名和密码，在此输入"zhang"和"123456"验证，如图 9-16 所示。

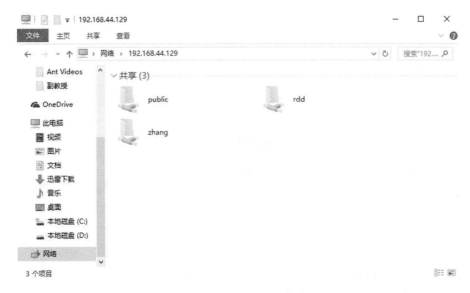

图 9-16　Windows 端成功访问

从图 9-16 中可以看到公共的 public 目录，用户 zhang 的宿主目录，和其有权限访问的 rdd
目录，这样就访问成功了。

进入 rdd 目录，如图 9-17 所示，存在已创建的 rdd_ test. txt 文件。再进行上传、下载、删
除等操作，只有下载能够成功，说明对应的权限设置正确。

图 9-17　进入专用目录 rdd

再以用户 wang 登录验证，因为 wang 是研发部经理，所以对 rdd 目录具有管理权限，可以上
传和删除文件。但要注意更换用户登录，需要清除本机访问这些共享文件夹时的登录信息（用户
名和密码）。要删除多条缓存或全部缓存则要使用 net use ＊ /delete 命令，如图 9-18 所示。

图 9-18　删除缓存的登录信息

使用 wang 用户身份在 \\192. 168. 44. 129 \ rdd 下上传文件 1. txt，如图 9-19 所示。

图 9-19　wang 用户可以上传文件

其他测试，如建立文件夹、删除文件等请读者自行完成。

将 Samba 共享的 public 目录映射成 Windows 的一个驱动器。右击"public"文件夹，在弹出的快捷菜单中选择"映射网络驱动器"命令，再选择映射网络驱动器，如图 9-20、图 9-21 所示。

图 9-20　映射网络驱动器　　　　　　　　　　图 9-21　选择映射网络驱动器

映射完毕后，打开资源管理器可以看到映射的共享目录，如图 9-22 所示。

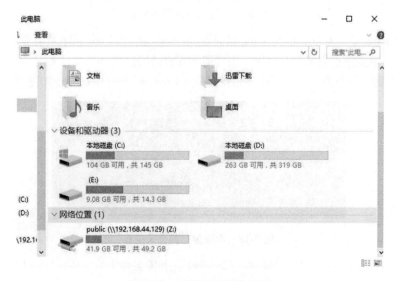

图 9-22　映射后的网络位置

7．smbclient 的使用

上面主要介绍了 Windows 客户端访问 Samba 服务器的操作，而在 Linux 作为客户端时，要用到 smbclient 这个工具。Linux 系统默认安装了 smbclient。

1）列出某个 IP 地址所提供的共享文件夹。命令如下：

smbclient -L //192.168.44.129 -U wang%123456

说明：-L 即为列表显示，-U 是指连接使用的用户名及密码。执行结果如图 9-23 所示。

```
[root@localhost ~]# smbclient -L  //192.168.44.129  -U  wang%123456
Domain=[WORKGROUP] OS=[Unix] Server=[Samba 3.6.23-36.el6_8]

        Sharename       Type        Comment
        ---------       ----        -------
        IPC$            IPC         IPC Service (Samba Server Version 3.6.23-36.el6_8)
        rdd             Disk        Research and Development Department
        public          Disk        Public Stuff
        wang            Disk        Home Directories
Domain=[WORKGROUP] OS=[Unix] Server=[Samba 3.6.23-36.el6_8]

        Server          Comment
        ---------       -------

        Workgroup       Master
        ---------       -------
```

图 9-23　列出共享文件夹

Samba 服务器允许匿名访问时，执行如下命令：

smbclient -L //192.168.44.129/public

要求输入密码时，直接按"Enter"键，执行结果如图 9-24 所示。

```
[root@localhost ~]# smbclient -L  //192.168.44.129/public
Enter root's password:
Anonymous login successful
Domain=[WORKGROUP] OS=[Unix] Server=[Samba 3.6.23-36.el6_8]

        Sharename       Type        Comment
        ---------       ----        -------
        IPC$            IPC         IPC Service (Samba Server Version 3.6.23-36.el6_8)
        rdd             Disk        Research and Development Department
        public          Disk        Public Stuff
Anonymous login successful
Domain=[WORKGROUP] OS=[Unix] Server=[Samba 3.6.23-36.el6_8]

        Server          Comment
        ---------       -------

        Workgroup       Master
        ---------       -------
```

图 9-24　smbclient 匿名访问

2）登录 Samba 服务器。命令如下：

smbclient //192.168.44.129/public -U wang%123456

执行 smbclient 命令成功后，进入 smbclient 环境，出现提示符"smb：\>"，如图 9-25 所示。

```
[root@localhost ~]#  smbclient  //192.168.44.129/public  -U  wang%123456
Domain=[WORKGROUP] OS=[Unix] Server=[Samba 3.6.23-36.el6_8]
smb: \>
```

图 9-25　登录 Samba 服务器

这里有许多命令和 ftp 命令相似，如 ls（文件和目录列表）、cd（切换远程路径）、lcd（切换本地路径）、get（单文件下载）、mget（多文件下载）、put（单文件上传）、mput（多文件上传）和 quite（退出）等。通过这些命令，可以访问远程主机的共享资源。

3）直接一次性使用 smbclient 命令。命令如下：

```
# smbclient -c "ls" //192.168.44.129/rdd -U wang%123456
```

该命令和以下操作功能一样：

```
smbclient //192.168.0.1/tmp -U username%password
smb:\> ls
smb:\> quite
```

这两种方法的执行效果如图 9-26 所示。

```
[root@localhost ~]# smbclient //192.168.44.129/rdd  -U wang%123456
Domain=[WORKGROUP] OS=[Unix] Server=[Samba 3.6.23-36.el6_8]
smb: \> quit
[root@localhost ~]# smbclient  -c  "ls"  //192.168.44.129/rdd  -U  wang%123456
Domain=[WORKGROUP] OS=[Unix] Server=[Samba 3.6.23-36.el6_8]
  .                           D        0  Tue Aug 30 09:48:48 2016
  ..                          DR       0  Mon Aug 29 21:43:25 2016
  rdd_test.txt                         0  Mon Aug 29 21:43:54 2016
  1.txt                       A        0  Tue Aug 30 09:39:41 2016

              50396 blocks of size 1048576. 42938 blocks available
[root@localhost ~]# smbclient //192.168.44.129/rdd  -U  wang%123456
Domain=[WORKGROUP] OS=[Unix] Server=[Samba 3.6.23-36.el6_8]
smb: \> ls
  .                           D        0  Tue Aug 30 09:48:48 2016
  ..                          DR       0  Mon Aug 29 21:43:25 2016
  rdd_test.txt                         0  Mon Aug 29 21:43:54 2016
  1.txt                       A        0  Tue Aug 30 09:39:41 2016

              50396 blocks of size 1048576. 42938 blocks available
smb: \> quit
```

图 9-26　smbclient 一次性使用和登录使用

4）通过 mount 挂载远程共享文件夹。命令如下：

```
# mkdir /mnt/samba
# mount -t cifs -o username=wang,password=123456 //192.168.44.129/public /mnt/samba
```

挂载远程共享文件夹到文件夹/mnt/samba 后，即可访问使用，如图 9-27 所示。

```
[root@localhost ~]# mkdir /mnt/samba
[root@localhost ~]# mount -t cifs -o username=wang,password=123456 //192.168.44.129/public  /mnt/samba
[root@localhost ~]# ls /mnt/samba
test.txt
```

图 9-27　挂载到本地使用

单元实训

【实训目标】

配置与管理 Samba 服务器。要求：

1）安装 Samba 服务器软件。

2）修改 Samba 配置文件，完成服务器要求。

3）调试 Samba 服务器。

【实训场景】

公司需要建立一个 Samba 服务器，实现不同的用户访问同一个共享目录具有不同的权限，便于管理和维护。具体情况和要求如下：

1）公司有 5 个大部门，分别为人事行政部（HR & Admin Dept）、财务部（Financial Management Dept）、技术支持部（Technical Support Dept）、项目部（Project Dept）以及客服部（Customer Service Dept）。

2）各部门的文件夹只允许本部门员工有权访问，各部门之间交流性质的文件放到公用文件夹/share 中。

3）每个部门都有一个管理本部门文件夹的管理员账号和一个只能新建和查看文件的普通用户权限的账号。

4）对于各部门自己的文件夹，各部门管理员具有完全控制权限，而各部门普通用户对于管理员新建及上传的文件和文件夹只能访问，不能更改和删除。不是本部门用户不能访问本部门文件夹。

【实训环境】

完成本次任务需要开 1 台 Linux 系统虚拟机，作为 Samba 服务器，宿主 Windows 系统模拟局域网内任意一台客户机。两个系统 IP 地址需设置在同一地址段。

【实训步骤】

1）安装 Samba 服务器软件。

2）做好目录和用户准备。

3）修改配置文件。

4）重启 Samba 服务器并测试。

单元 10　配置与管理 FTP 服务器

学习目标 ◎

1) 了解 FTP 的概念。
2) 理解 FTP 的工作原理。
3) 掌握 FTP 服务器的配置和调试方法。
4) 掌握 FTP 客户端的使用方法。

情境设置 ◎

【情境描述】

公司的局域网通过一台路由器连接到 Internet，有台服务器集中存放公司资料，不但要满足员工内部的访问，还要满足出差员工的外部访问和管理需要。网络管理员小明针对这种需求，搭建合适的文件服务器，满足内外网同时访问。

【问题提出】

1) Samba 能够跨网段访问吗？
2) FTP 与 Samba 有什么共同点？
3) FTP 与 Samba 有何区别？

工作任务 ◎

工作任务 1　安装 FTP

【任务描述】

公司需要在 Linux 服务器上安装 FTP 服务器软件并进行检查验证是否安装成功。

【知识准备】

1. FTP 简介

FTP（File Transfer Protocol，文件传输协议）用于 Internet 上的控制文件的双向传输，同时，它也是一个应用程序。基于不同的操作系统有不同的 FTP 应用程序，而所有这些应用程序都遵守同一种协议传输文件。

在 FTP 的使用当中，用户经常遇到两个概念：下载（Download）和上传（Upload）。下载文件就是从远程服务器复制文件到本地计算机上，而上传文件就是将文件从自己的计算机中复制到远程主机上。

2. FTP 和 Samba 的对比

FTP 和 Samba 都可以实现网络文件共享，即为分布在不同网络主机上的文件提供访问、修改、增加以及删除操作的服务集合。从实现的功能上，Samba 提供的是文件访问服务，而 FTP 提供的是文件传输服务。

从跨平台的角度来说，Samba 和 FTP 都支持跨平台操作；从挂载的角度来说，Samba 可以把远程目录挂载到本地目录上，对用户是透明的，而 FTP 则不行；从使用范围上来说，Samba 安全性比较差，最好是限定在局域网内，而 FTP 则不同，其提供了鉴权机制，既可以面向内网，也可以面向公网；从面向对象的角度来说，两者都支持文件，但 Samba 还支持打印机，以及作为 Windows 域管理器。

Samba 一般来说是为了解决 Linux 和 Windows 相互共享文件而出现的，在局域网中用得比较多，使用的是 TCP 445 和 139 端口；FTP 则在任何系统平台上都可以使用，在广域网和局域网中也都可以使用，使用的是 TCP 21 端口，主要用于发布网站和文件共享。

3. FTP 连接模式

FTP 的工作会启动两个通道：控制通道和数据通道。在 FTP 中，控制连接均是由客户端发起的，而数据连接有两种模式：PORT（主动）模式和 PASV（被动）模式。

（1）PORT 模式

在客户端需要接收数据时，FTP 客户端使用一个大于 1024 的随机端口发送 PORT 命令到 FTP 服务器的 21 端口。发送的 PORT 命令包含了客户端是用什么端口来接收数据（大于 1024 的随机端口），在传送数据时，FTP 服务器将通过自己的 TCP 20 端口和 PORT 中包含的端口建立新的连接来传送数据。

（2）PASV 模式

传送数据时，FTP 客户端发送 PASV 命令到 FTP 服务器的 TCP 21 端口。发送 PASV 命令时，FTP 服务器自动打开一个 1024 ~ 5000 之间的随机端口并且通知 FTP 客户端在这个端口上传送数据，然后客户端向指定的端口发出请求连接，建立一条数据链路进行数据传输。

在企业里如果 FTP 服务器在防火墙后面进行保护，则一定要将其设置为 PASV 模式，以避免攻击。VSFTPd 服务器的默认模式就是 PASV 模式。

4. 常见的 FTP 服务器

Linux 系统中有 3 个主流的 FTP 服务器软件：

1）ProFTPd。问世很久的模块化的 FTP 服务器，支持多种系统架构和操作系统。ProFTPd 功能丰富，有许多可用的插件，并且是免费的。但它的 CVE 漏洞较多，很容易成为黑客的攻击目标。

2）PureFTPd。Linux 下一款很著名的 FTP 服务器软件，也兼容很多操作系统（但不支持 Windows）。PureFTPd 的配置很简单，但漏洞很少，安全性好。

3）VSFTPd。基于 GPL 许可的 FTP 服务器，全称是 Very Security FTP daemon（非常安全的 FTP）。VSFTPd 是基于安全考虑编写的 FTP 服务器，其轻量的特性使得它的用户数十分可观，而且很多大型网站目前都使用该服务器。同时，它的安全性也很好。

【任务实施】

1）在可以联网的机器上使用 yum 工具安装 FTP，如果未联网，则使用系统光盘进行安装。命令如下：

```
# yum install vsftpd ftp
```

图 10-1 所示为 VSFTPd 服务器软件和 FTP 客户端软件安装提示，输入"y"后即可开始安装。同时安装 FTP 是为了方便在本机测试 FTP 服务器。

```
===============================================================================
 Package              Arch              Version              Repository      Size
===============================================================================
Installing:
 ftp                  i686              0.17-54.el6          base            56 k
 vsftpd               i686              2.2.2-21.el6         base           161 k

Transaction Summary
===============================================================================
Install       2 Package(s)

Total download size: 217 k
Installed size: 440 k
Is this ok [y/N]: y
Downloading Packages:
(1/2): ftp-0.17-54.el6.i686.rpm                              |  56 kB    00:00
(2/2): vsftpd-2.2.2-21.el6.i686.rpm                          | 161 kB    00:00
-------------------------------------------------------------------------------
Total                                           371 kB/s | 217 kB    00:00
```

图 10-1　VSFTPd 和 FTP 软件安装

2）检查安装。命令如下：

```
# rpm -qa |grep vsftpd
```

图 10-2 所示为查看到已安装的 VSFTPd 软件信息。

```
[root@localhost ~]# rpm -qa | grep vsftpd
vsftpd-2.2.2-21.el6.i686
```

图 10-2　检查 VSFTPd 安装情况

3）安装 VSFTPd 相关文件。VSFTPd 安装后会自动创建一些目录和文件，可以使用如下命令查询：

```
# rpm -ql vsftpd
```

查询的部分结果如图 10-3 所示。

```
[root@localhost ~]# rpm -ql vsftpd
/etc/logrotate.d/vsftpd
/etc/pam.d/vsftpd
/etc/rc.d/init.d/vsftpd
/etc/vsftpd
/etc/vsftpd/ftpusers
/etc/vsftpd/user_list
/etc/vsftpd/vsftpd.conf
/etc/vsftpd/vsftpd_conf_migrate.sh
/usr/sbin/vsftpd
```

图 10-3　查询 VSFTPd 创建的目录和文件

VSFTPd 安装时创建的目录和文件具体说明见表 10-1。

表 10-1　VSFTPd 相关文件和目录说明

文件（目录）	说　　明
/usr/sbin/vsftpd	VSFTPd 的主程序
/etc/vsftpd/vsftpd.conf	主配置文件

（续）

文件（目录）	说　明
/etc/rc. d/init. d/vsftpd	启动脚本
/etc/pam. d/vsftpd	PAM 认证文件
/etc/vsftpd/ftpusers	禁止使用 VSFTPd 的用户列表文件
/etc/vsftpd/user_ list	禁止或允许使用 VSFTPd 的用户列表文件
/var/ftp	匿名用户主目录
/var/ftp/pub	匿名用户的下载目录,此目录须赋权限 chmod 1777 pub(1 为特殊权限,使上载后无法删除)
/etc/logrotate. d/vsftpd	VSFTPd 的日志文件

工作任务 2　配置 FTP 服务器

【任务描述】

某公司现有 3 个部门，分别为财务部、技术部、市场部。技术部维护着一台服务器，运行着 FTP 和 Web 服务。FTP 服务器主要用于共享公司内部的资料和维护 Web 网站，包括上传文件、创建目录、更新网页等。现在对于 FTP 服务器有如下要求：

1）各部门的文件夹只允许本部门员工有权访问；各部门之间交流性质的文件放到公用文件夹中。

2）每个部门都有一个管理本部门文件夹的管理员账号和一个只能上传、下载和查看文件的普通用户权限的账号。

3）公用文件夹中分为存放工具的文件夹和存放各部门文件的文件夹。

4）用户只能对自己的主目录文件夹及其下面的目录文件有操作权限，不允许切换到上级目录，不允许匿名用户访问。

5）有一个专门维护 Web 网站的账号，只能登录到 Web 站点的默认目录/var/www/html，不能进入任何其他目录。

【知识准备】

1. 主配置文件 vsftpd. conf 简介

vsftpd. conf 是 VSFTPd 的配置文件，用来控制 VSFTPd 的各项功能。默认状态下，它的位置是:/etc/vsftpd/vsftpd. conf。

vsftpd. conf 的格式非常简单，每行要么是一个注释，要么是一个指令。注释行以 "#" 开始并被忽略掉。指令行格式如下：

配置项 = 参数值

很重要的一点是，这个格式里不能存在任何空格。

默认每一个配置项在配置文件里都占一编辑行，可以被修改。

2. 配置项说明

```
anonymous_enable = YES
```

说明：是否允许匿名登录 FTP 服务器，默认设置为 YES。用户可使用用户名 ftp 或

anonymous 进行 FTP 登录，密码为空。匿名用户登录后进入目录/var/ftp/pub。

local_enable = YES

说明：是否允许本地用户登录 FTP 服务器，默认设置为 YES。本地用户登录后会进入用户主目录。前面加上"#"注释掉即可阻止本地用户访问 FTP 服务器。

write_enable = YES

说明：是否允许本地用户对 FTP 服务器文件具有写权限，默认设置为 YES。

local_umask = 022

说明：本地用户的文件权限掩码，默认为 022，即取消本组和其他用户的写权限。

#anon_upload_enable = YES

说明：是否允许匿名用户上传文件，默认为 YES，被注释掉了。

#anon_mkdir_write_enable = YES

说明：是否允许匿名用户创建新文件夹，默认为 YES，被注释掉了。

dirmessage_enable = YES

说明：是否激活目录欢迎信息功能。当用户用 CMD 模式首次访问服务器上某个目录时，FTP 服务器将显示欢迎信息。默认情况下，欢迎信息是通过该目录下的 .message 文件获得的。

xferlog_enable = YES

说明：是否让系统自动维护上传和下载的日志文件，默认情况该日志文件为/var/log/vsftpd.log，也可以通过下面的 xferlog_file 选项对其进行设定，默认值为 NO。

connect_from_port_20 = YES

说明：是否设定 FTP 服务器 FTP 数据端口使用 20 端口。

#chown_uploads = YES

说明：设定是否允许改变上传文件的属主，与下面一个设定项配合使用。

#chown_username = whoever

说明：设置想要改变的上传文件的属主，如果需要，则输入一个系统用户名，可以把上传的文件都改成 root 属主。whoever 表示任何人。

#xferlog_file = /var/log/vsftpd.log

说明：设定系统维护记录 FTP 服务器上传和下载情况的日志文件，/var/log/vsftpd.log 是默认的。

xferlog_std_format = YES

说明：是否以标准 xferlog 的格式书写传输日志文件，默认值为 YES。

#idle_session_timeout = 600

说明：如果使用者 600 秒没有动作，则强制离线。

```
#data_connection_timeout=120
```

说明：设置数据连接超时时间，该语句表示数据连接超时时间为 120 秒。

```
#nopriv_user=ftpsecure
```

说明：运行 VSFTPd 需要的非特权系统用户，默认是 nobody。

```
#ascii_upload_enable=YES
#ascii_download_enable=YES
```

说明：是否以 ASCII 方式传输（上传、下载）数据。默认情况下，服务器会忽略 ASCII 方式的请求。启用此选项将允许服务器以 ASCII 方式传输数据。

```
#ftpd_banner=Welcome to blah FTP service.
```

说明：设置 FTP 服务的欢迎信息。

```
#chroot_list_enable=YES
```

说明：用户登录 FTP 服务器后是否具有访问自己目录以外的其他文件的权限。设置为 YES 时，用户被锁定在自己的 home 目录中。

```
#chroot_list_file=/etc/vsftpd/chroot_list
```

说明：被列入此文件的用户，在登录后将不能切换到自己目录以外的其他目录，从而有利于 FTP 服务器的安全管理和隐私保护。此文件需用户自己建立。

```
#ls_recurse_enable=YES
```

说明：是否允许递归查询。默认为关闭，以防止远程用户造成过量的 I/O。

```
listen=YES
```

说明：是否允许监听。如果设置为 YES，则 VSFTPd 将以独立模式运行，由 VSFTPd 自己监听和处理 IPv4 端口的连接请求。

```
#listen_ipv6=YES
```

说明：设定是否支持 IPv6。如要同时监听 IPv4 和 IPv6 端口，则必须运行两套 VSFTPd，采用两套配置文件，同时确保其中有一个监听选项是被注释掉的。

```
userlist_enable=YES
```

说明：是否允许 ftpusers 文件中的用户登录 FTP 服务器，默认为 YES。若此项设为 YES，则 user_ list 文件中的用户允许登录 FTP 服务器。

```
userlist_deny=YES/NO
```

说明：设置是否阻止 user_list 文件中的用户登录 FTP 服务器。若设置了 userlist_deny = YES，则 user_list 文件中的用户将不允许登录 FTP 服务器，甚至连输入密码提示信息都没有。

```
tcp_wrappers=YES
```

说明：是否使用 tcp_wrappers 作为主机访问控制方式。tcp_wrappers 可以实现 linux 系统中网络服务的基于主机地址的访问控制。在/etc 目录中的 hosts. allow 和 hosts. deny 两个文件用于设置 tcp_wrappers 的访问控制，前者设置允许访问记录，后者设置拒绝访问记录。

如想限制某些主机对 FTP 服务器 192.168.1.1 的匿名访问，编辑/etc/hosts. allow 文件，如在下面增加两行命令：

```
vsftpd:192.168.1.100:DENY
vsftpd:192.168.1.200:DENY
```

表明限制 IP 地址为 192.168.1.100/192.168.1.200 的主机访问 IP 地址为 192.168.1.1 的 FTP 服务器。此时 FTP 服务器虽可以 ping 通，但无法连接。

【任务实施】

1. 系统规划

1）在系统分区时单独分一个区/Company，在该区下有以下几个文件夹：Finance、Technology、Marketing 和 Share。在 Share 下又有以下几个文件夹：Finance、Technology、Marketing 和 Tools。

2）各部门对应的文件夹由各部门自己管理，Tools 文件夹由管理员维护。

3）Finance 管理员账号：F_admin；普通用户账号：F_user。

Technology 管理员账号：T_admin；普通用户账号：T_user。

Marketing 管理员账号：M_admin；普通用户账号：M_user。

Tools 管理员账号：admin；网站管理账号：webadmin。

4）各部门管理员账号有完全控制本部门文件夹的权限以及下载 Tools 文件夹中工具的权限，普通用户账号只有上传、下载和查看本部门文件夹的权限以及下载 Tools 文件夹中工具的权限。

5）此 FTP 服务器主要用于公司内部使用，因此，FTP 使用主动工作模式，在 FTP 服务器上将其他不需要用到的端口屏蔽掉，增加服务器安全。

2. 新建目录

在/Company 中添加各部门的私密文件夹以及一个用于放置共享东西的共享文件夹。命令如下：

```
# mkdir /Company
# cd /Company/
# mkdir Finance Technology Marketing Share
```

在/Company 下的共享文件夹中，添加各部门的文件夹以及一个放置共享工具的文件夹，这些部门文件夹用于放置需要共享的文件。命令如下：

```
# cd /Company/Share/
# mkdir Finance Technology Marketing Tools
```

3. 新建用户

使用 useradd 命令新建用户，使用 passwd 命令添加密码。

```
# useradd F_admin -r -d /Company/ -s /sbin/nologin
```

说明：新建财务管理账号 F_ admin，为系统账号（-r）；设置主目录为/Company（-d/Company/），并设置 F_admin 不能登录系统。

```
# useradd F_user -r -g F_admin -d /Company/ -s /sbin/nologin
```

说明：新建财务管理账号 F_user，为系统账号（-r），同加入 F_admin 组（-g F_admin，由上一条命令自动创建）；设置主目录为/Company（-d /Company/），并设置 F_admin 不能登录系统。

```
# useradd T_admin -r -d /Company/ -s /sbin/nologin
# useradd T_user -r -g T_admin -d /Company/ -s /sbin/nologin
# useradd M_admin -r -d /Company/ -s /sbin/nologin
# useradd M_user -r -g M_admin -d /Company/ -s /sbin/nologin
# useradd admin -r -g root -d /Company/Share/Tools -s /sbin/nologin
# useradd webadmin -r -d /var/www/html/ -s /sbin/nologin
```

以上用户账号全部创建完成后，还需要用 passwd 命令设置一下密码，后面这些账号才能正常使用。

4. 修改目录权限

修改/Company 中的各部门文件夹的文件权限为 1770，属主和组为各部门的管理员及管理员组。

文件权限为 1770 可以实现：本部门管理员和普通用户可以进入，非本部门用户禁止进入；本部门管理员上传的文件，本部门的普通用户只能下载和查看，不能修改；本部门普通用户上传的文件，本部门的管理员可以查看、下载、删除及重命名，但是不能修改里面的内容；如果管理员想要修改普通用户上传的文件，可以先下载该文件，然后在 FTP 上删除该文件，在本机编辑好后再将该文件上传。

```
# cd /Company/
# chmod -R 1770 Finance Technology Marketing
# chown -R F_admin.F_admin Finance/
# chown -R T_admin.T_admin Technology/
# chown -R M_admin.M_admin Marketing/
# chmod -R 1775 Share/
# chown admin.root Share/

# cd /Company/Share
# chown -R F_admin.F_admin Finance/
# chown -R T_admin.T_admin Technology/
# chown -R M_admin.M_admin Marketing/
# chown -R admin.root Tools/
# chown -R webadmin.webadmin /var/www/html/
```

5. 修改 VSFTPd 主配置文件

修改配置文件前需要先备份。命令如下：

```
# cp /etc/vsftpd/vsftpd.conf /etc/vsftpd/vsftpd.conf.bak
# vi /etc/vsftpd/vsftpd.conf
```

修改文件中以下的配置项：

```
anonymous_enable = NO
```

说明：修改成不允许匿名登录 FTP 服务器。

```
local_enable = YES
```

说明：允许本地用户登录 FTP 服务器。

```
write_enable = YES
```

说明：允许本地用户对 FTP 服务器文件具有写权限。

```
local_umask = 022
```

说明：本地用户的文件权限掩码，默认为 022，即取消本组和其他用户的写权限。

```
xferlog_enable = YES
```

说明：让系统自动维护上传和下载的日志文件。

```
connect_from_port_20 = YES
```

说明：是否设定 FTP 服务器 FTP 数据端口使用 20 号端口。

```
idle_session_timeout = 180
```

说明：如果使用者 180 秒没有动作，则强制离线。

```
data_connection_timeout = 90
```

说明：设置数据连接超时时间，该语句表示数据连接超时时间为 90 秒。

```
ftpd_banner = Welcome to Company Data Center.
```

说明：设置 FTP 服务的欢迎信息。

```
chroot_list_enable = YES
```

说明：取消掉注释，后面文件中的用户被锁定在自己的主目录中。

```
chroot_list_file = /etc/vsftpd/chroot_list
```

说明：取消掉注释，对应文件在后面创建。

```
listen = YES
```

说明：允许监听，VSFTPd 以独立模式运行。

```
userlist_enable = YES
```

说明：允许 ftpusers 文件中的用户登录 FTP 服务器。

```
userlist_deny = YES
```

说明：设置阻止 user_list 文件中的用户登录 FTP 服务器。

6. 修改配置相关的文件

编辑 chroot_list，一个用户一行。此文件中列出的用户不允许访问其家目录的上级目录。命令如下：

```
# vi /etc/vsftpd/chroot_list
```

chroot_list 文件内容如下：

```
F_admin
F_user
T_admin
```

```
T_user
M_admin
M_user
webadmin
```

编辑 user_ list，一个用户一行，在此文件中列出的用户不能访问 FTP 服务器，未列出的可以访问。

```
# vi /etc/vsftpd/user_list
```

到此，FTP 服务的准备和设置工作完毕。

工作任务3　管理和测试 FTP 服务器

【知识准备】

1. FTP 服务器的管理和维护

网络管理员要负责对 FTP 服务器进行日常的管理和维护，包括对 VSFTPd 服务的启动、重启、停止等操作并查看其状态，以及要测试服务器是否正常提供服务，及时处理运维中出现的问题。

FTP 命令是 Internet 用户使用最频繁的命令之一，不论是在 DOS 还是 UNIX 操作系统下使用 FTP，都会遇到大量的 FTP 内部命令。

FTP 命令行格式如下：

```
ftp -v -d -i -n -g [主机名]
```

-v：显示远程服务器的所有响应信息。

-d：使用调试方式。

-n：限制 FTP 的自动登录。

-g：取消全局文件名。

FTP 常用的内部命令如下：

（1）修改传输模式

ascii：使用 ASCII 类型传输方式。

bin：使用二进制文件传输方式。

passive：进入被动传输方式。

（2）上传与下载

put local-file：将本地文件 local-file 传送至远程主机。

get remote-file：将远程主机的文件 remote-file 传至本地。

mput local-file：将多个文件传输至远程主机。

mget remote-files：传输多个远程文件至本地。

（3）远程主机文件管理

ls [remote-dir]：显示远程目录。

cd remote-dir：进入远程主机目录。

mkdir dir-name：在远程主机中建立一目录。

rmdir dir-name：删除远程主机目录。

delete remote-file：删除远程主机文件。

（4）本地工作目录

pwd：显示远程主机的当前工作目录。

lcd［dir］：将本地工作目录切换至 dir。

（5）其他命令

system：显示远程主机的操作系统类型。

quit：同 bye，退出 FTP 会话。

2. VSFTPd 的常见问题及解决

（1）450：读取目录列表失败

需要在 vsftpd. conf 文件中加上了一句"pasv_enable = NO"。

（2）中文乱码

VSFTPd 没有处理字符编码的转换功能，Windows 使用的是 GBK 编码，而 Linux 一般使用 UTF-8 编码。可以更换使用能够设置编码的 FTP 客户端，如 FlashFXP。

（3）外网无法登录

550 错误：读取目录列表失败。

可能是路由器的配置，查看内网映射有没有开放 TCP 20 端口。

（4）防火墙

无法访问 FTP 服务器，而在本地可以正常访问。

需要关闭 Linux 防火墙或设置放行 FTP 相应端口（后者同时保证服务器安全），并使用命令"# setenforce 0"关闭 SELinux 选项。

【任务实施】

1. 启动和关闭 VSFTPd

（1）用命令行方式启动和停止

在 Linux 中，启动和停止 VSFTPd 服务可使用如下命令：

```
# service vsftpd start
# service vsftpd stop
```

重新启动 VSFTPd 服务的命令如下：

```
# service vsftpd restart
```

可以采用以下命令检查 VSFTPd 服务的运行状态：

```
# service vsftpd status
```

也可以使用以下命令，实现相同的结果：

```
# /etc/init.d/vsftpd start
# /etc/init.d/vsftpd stop
# /etc/init.d/vsftpd restart
# /etc/init.d/vsftpd status
```

（2）自动启动 VSFTPd 服务

对于系统自带的 VSFTPd 服务，如果希望在系统启动时自动加载，可以使用如下命令：

```
# chkconfig -- level 345 vsftpd on
```

检查 VSFTPd 服务在各个运行级别上的状态，使用如下命令：

```
# chkconfig -- list vsftpd
```

如果不再需要 VSFTPd 服务自启动，则使用如下命令：

```
# chkconfig vsftpd off
```

对于 VSFTPd 自启动设置开启和关闭操作的执行，如图 10-4 所示。

```
[root@localhost ~]# chkconfig  --list  vsftpd
vsftpd          0:关闭  1:关闭  2:关闭  3:关闭  4:关闭  5:关闭  6:关闭
[root@localhost ~]# chkconfig  --level 345  vsftpd on
[root@localhost ~]# chkconfig  --list  vsftpd
vsftpd          0:关闭  1:关闭  2:关闭  3:启用  4:启用  5:启用  6:关闭
[root@localhost ~]# chkconfig vsftpd off
[root@localhost ~]# chkconfig  --list  vsftpd
vsftpd          0:关闭  1:关闭  2:关闭  3:关闭  4:关闭  5:关闭  6:关闭
```

图 10-4 VSFTPd 自启动设置

2. 本机上 FTP 命令测试

在本机上使用 FTP 命令进行登录操作测试，如图 10-5 所示。这样可以排除网络因素，容易判断出是不是 VSFTPd 服务本身的问题。

```
[root@localhost ~]# ftp 192.168.44.129
Connected to 192.168.44.129 (192.168.44.129).
220 Welcome to Company Data Center.
Name (192.168.44.129:root): webadmin
331 Please specify the password.
Password:
230 Login successful.
Remote system type is UNIX.
Using binary mode to transfer files.
ftp> ls
227 Entering Passive Mode (192,168,44,129,231,221)
150 Here comes the directory listing.
226 Transfer done (but failed to open directory).
ftp> quit
221 Goodbye.
```

图 10-5 FTP 命令测试服务

在图 10-5 中，可以看出连接上的提示信息 "Welcome to Company Data Center"，登录验证成功（230 Login successful），但 ls 显示远程目录是出现了错误提示 "but failed to open directory"，可能是因为 SELinux 的影响，关闭后再进行测试，如图 10-6 所示。

```
[root@localhost ~]# setenforce 0
[root@localhost ~]# ftp 192.168.44.129
Connected to 192.168.44.129 (192.168.44.129).
220 Welcome to Company Data Center.
Name (192.168.44.129:root): webadmin
331 Please specify the password.
Password:
230 Login successful.
Remote system type is UNIX.
Using binary mode to transfer files.
ftp> ls
227 Entering Passive Mode (192,168,44,129,70,140).
150 Here comes the directory listing.
-rw-r--r--    1 488      488             0 Sep 01 05:38 1.txt
226 Directory send OK.
```

图 10-6 关闭 SELinux 后访问成功

然后再进行上传和下载测试，都正常，如图 10-7 和图 10-8 所示。

```
ftp> put test.txt
local: test.txt remote: test.txt
227 Entering Passive Mode (192,168,44,129,26,45).
150 Ok to send data.
226 Transfer complete.
ftp> ls
227 Entering Passive Mode (192,168,44,129,51,99).
150 Here comes the directory listing.
-rw-r--r--    1 488      488             0 Sep 01 05:38 1.txt
-rw-r--r--    1 488      488             0 Sep 01 06:17 test.txt
226 Directory send OK.
```

图 10-7　FTP 命令上传测试

```
[root@localhost ~]# ftp 192.168.44.129
Connected to 192.168.44.129 (192.168.44.129).
220 Welcome to Company Data Center.
Name (192.168.44.129:root): webadmin
331 Please specify the password.
Password:
230 Login successful.
Remote system type is UNIX.
Using binary mode to transfer files.
ftp> mget 1.txt test.txt
mget 1.txt? y
227 Entering Passive Mode (192,168,44,129,157,135).
150 Opening BINARY mode data connection for 1.txt (0 bytes).
226 Transfer complete.
mget test.txt? y
227 Entering Passive Mode (192,168,44,129,112,223).
150 Opening BINARY mode data connection for test.txt (0 bytes).
226 Transfer complete.
```

图 10-8　FTP 命令多文件下载测试

前面的测试基本可以说明 webadmin 账号可以远程通过 FTP 对 Web 网站中的文件进行更新和内容管理。

3. Windows 主机上进行测试

在 Windows 的资源管理器地址栏输入"ftp://192.168.44.129"，按"Enter"键后，出现如图 10-9 所示的提示，说明访问失败。

图 10-9　Windows 主机访问 VSFTPd 失败

由于前面已经测试网络服务没有问题,那么可能就是防火墙的问题。需要关闭防火墙,命令为"# service iptables stop",或将 20 和 21 端口加入防火墙,修改命令"# vim /etc/sysconfig/iptables"。

为了简单起见,采取直接关闭的方法。关闭后再访问 FTP 服务,直接提示输入登录的用户名和密码,也说明不能匿名访问,如图 10-10 所示。

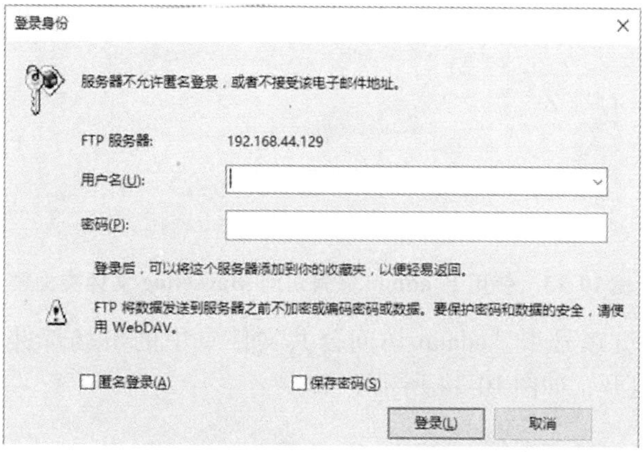

图 10-10　访问 VSFTPd 服务出现登录窗口

使用 webadmin 账号登录,可以对 Web 网站对应的目录和文件进行管理,如图 10-11 所示。

图 10-11　使用 webadmin 账号对网站文件进行管理

接着测试使用财务部管理员账号 F_ admin 访问财务部 Finance 文件夹,可以创建和删除文件夹、文件,具有完全管理权限,如图 10-12 所示。

图 10-12　使用 F_admin 账号访问 Finance 目录

使用财务部管理员账号 F_ admin 访问市场部 Marketing 文件夹，提示打开文件夹时错误，要求检查是否有权限访问该文件夹，说明无法跨部门访问文件夹，如图 10-13 所示。

图 10-13　使用 F_admin 账号访问 Marketing 文件夹失败

使用财务部管理员账号 F_ admin 访问公共文件夹中的市场部共享资料文件夹 Share/Marketing，能够正常打开，如图 10-14 所示。

图 10-14　正常打开别部门的共享文件夹

使用 F_ admin 账号再尝试向 Share/Marketing 文件夹中上传文件，提示操作失败，说明跨部门不能管对方的共享文件夹，如图 10-15 所示。

图 10-15　无法跨部门管理共享文件夹

用共享工具文件夹管理员账号 admin 登录，登录后进入一个文件夹并被锁定在里面，可以创建文件夹和上传文件，也可以删除文件，即完全控制，如图 10-16 所示。

图 10-16　管理共享工具文件夹

最后用财务部普通用户账号 F_ user 登录，进入到 Share/Tools 文件夹，可以看到和下载"测试工具"和"工具说明 . txt"，但不能删除，如图 10-17 所示。

图 10-17　普通用户可以下载但不能删除 Tools 文件夹中的文件

使用财务部普通用户账号 F_ user 进入财务部 Finance 文件夹，可以上传 F. txt 文件，但不能删除别人上传的"2016 财务报表"文件夹，如图 10-18 所示。

图 10-18　普通用户能上传文件但不能删除他人文件

使用普通用户账号 F_ user 可以删除自己上传的 F. txt 文件，如图 10-19 所示。

图 10-19　普通用户可以删除自己上传的文件

对于其他用户最好也要进行测试，针对不同情况进行全面测试，这样才能在正式使用前发现配置的问题，根据情况进行修改。

单元实训 🔍

【实训目标】

配置与管理 FTP 服务器。要求：

1）安装 FTP 服务器软件。

2）修改 FTP 配置文件，完成服务器要求。

3）调试 FTP 服务器。

【实训场景】

启动 1 台 Linux 虚拟机作为 VSFTPd 服务器，配置 IP 地址为 192. 168. 1. 100，在系统中添加账号 zhou 和 jiang。

1）确保系统安装好 VSFTPd 软件，并正确启动。

2）设置匿名账号具有上传、创建目录权限。

3）利用/etc/vsftpd/ftpusers 文件设置禁止本地 zhou 用户登录 FTP 服务器。

4）设置用户登录 FTP 服务器之后，欢迎信息为 "Welcome to VSFTP server!"。

5）设置将所有本地用户都锁定在/home 目录中。

6）配置基于主机的访问控制，实现拒绝 192. 168. 1. 200 主机访问。

【实训环境】

完成本次任务需要开 1 台 Linux 系统虚拟机，作为 FTP 服务器，宿主 Windows 系统模拟局域网内任意一台客户机。两个系统 IP 地址需设置在同一地址段。

【实训步骤】

1）安装 VSFTPd 服务器软件。

2）做好目录和用户准备。

3）修改配置文件。

4）重启 VSFTPd 服务并测试。

单元 11　配置防火墙

学习目标

1）理解 iptables 的工作原理。
2）能使用 iptables 配置防火墙。
3）能根据项目需求对防火墙进行管理。

情境设置

【情境描述】

公司建有一个局域网，网内的机器有工作站以及 Web、FTP、DHCP 等服务器，其中有些服务只对内网用户提供服务，有些服务内外网都可以访问。网络管理员小明需要搭建一台服务器，使得所有内网工作站都可以通过它代理上网，并能对内部服务器进行保护。

【问题提出】

1）局域网中的服务器有什么安全需求？
2）内网主机如何使用少数的公网 IP 地址上网？
3）防火墙可以起到什么作用？

工作任务

工作任务 1　管理防火墙

【任务描述】

CentOS 中的防火墙是 iptables，它是与 Linux 内核集成的 IP 信息包过滤系统，其自带防火墙功能。在配置完服务器的角色功能后，需要修改 iptables 的配置。

【知识准备】

1. iptables 的历史

iptables 的前身叫作 ipfirewall，是能够工作在内核当中的、对数据包进行检测的一款简易访问控制工具。但是 ipfirewall 工作功能极其有限，当内核发展到 2.x 系列的时候，更名为 ipchains，它可以定义多条规则，并将它们串联起来，共同发挥作用。iptables 可以将规则组成一个列表，实现绝对详细的访问控制功能。

iptables 是工作在用户空间中、定义规则的工具，它本身并不算是防火墙。它定义的规则可以让在内核空间当中的 netfilter（网络过滤器）来读取，并且实现让防火墙工作。iptables 和 netfilter 的关系如图 11-1 所示。

2．iptables 的优点

netfilter/iptables 的最大优点是它可以配置有状态的防火墙。有状态的防火墙能够指定并记住为发送或接收信息包所建立的连接的状态。防火墙可以从信息包的连接跟踪状态获得该信息。在决定新的信息包过滤时，防火墙所使用的这些状态信息可以增加其效率和速度。

netfilter/iptables 的另一个重要优点是，它使用户可以完全控制防火墙配置和信息包过滤，可以定制自己的规则来满足特定需求，从而只允许想要的网络流量进入系统。

另外，netfilter/iptables 是免费的，可以替代昂贵的防火墙解决方案。

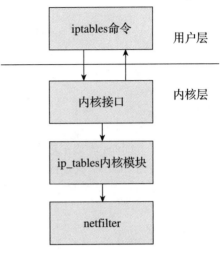

图 11-1　iptables 与 netfilter

3．iptables 的工作原理

规则（Rules）其实就是网络管理员预定义的条件，其一般的定义为"如果数据包头符合这样的条件，就这样处理这个数据包。"规则存储在内核空间的信息包过滤表中，分别指定了源地址、目的地址、传输协议（如 TCP、UDP 和 ICMP）和服务类型（如 HTTP、FTP 和 SMTP）等。当数据包与规则匹配时，iptables 就根据规则所定义的方法来处理这些数据包，如放行（ACCEPT）、拒绝（REJECT）和丢弃（DROP）等。配置防火墙的主要工作就是添加、修改和删除这些规则。

链（Chains）是数据包传播的路径。每一条链其实就是众多规则中的一个检查清单，其中可以有一条或数条规则。当一个数据包到达一个链时，iptables 就会从链中第一条规则开始检查，看该数据包是否满足规则所定义的条件。如果满足，系统就会根据该条规则所定义的方法处理该数据包；否则 iptables 将继续检查下一条规则，如果该数据包不符合链中任一条规则，iptables 就会根据该链预先定义的默认策略来处理数据包。iptables 内置了如下 5 个规则链。

1）INPUT：进来的数据包应用此规则链中的策略。

2）OUTPUT：外出的数据包应用此规则链中的策略。

3）FORWARD：转发数据包时应用此规则链中的策略。

4）PREROUTING：对数据包作路由选择前应用此链中的规则（所有的数据包进来的时候都先由这个链处理）。

5）POSTROUTING：对数据包作路由选择后应用此链中的规则（所有的数据包出来的时候都先由这个链处理）。

表（Tables）提供特定的功能，iptables 内置了 4 个表：filter 表、nat 表、mangle 表和 raw 表，分别用于实现包过滤、网络地址转换、包重构（修改）和数据跟踪处理，前 3 个表现在使用得比较多。iptables 中的表和链的关系如图 11-2 所示。

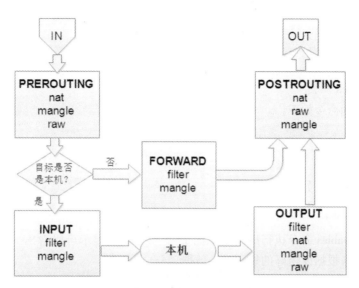

图 11-2 iptables 中的表和链

从图 11-2 可以看出，对于 filter 表来讲一般只能做在 3 个链上：INPUT、FORWARD 和 OUTPUT；对于 nat 表来讲一般也只能做在 3 个链上：PREROUTING、OUTPUT 和 POSTROUT-ING；而 mangle 表则是 5 个链都可以做。

iptables 现在被做成了一个服务，可以进行启动、停止。启动，则将规则直接生效；停止，则将规则撤销。

注意：规则的次序非常关键，谁的规则越严格，应该放得越靠前，而检查规则的时候，是按照从上往下的方式进行检查的。

【任务实施】

1. 安装 iptables

检查 iptables 安装情况，命令如下：

```
# iptables -V
```

执行后，如果已经安装了 iptables，则显示 iptables 的版本信息，如图 11-3 所示。

```
[root@localhost ~]# iptables  -V
iptables v1.4.7
```

图 11-3 检查 iptables 版本

如果没有安装 iptables 则需要先安装，执行在线安装命令：

```
# yum install iptables
```

2. 查询 iptables 状态

查询 iptables 状态的命令如下：

```
# service iptables status
```

命令执行后，显示 iptables 未运行，如图 11-4 所示。这是因为前面几章的服务测试前为了避免防火墙影响，已经停止了 iptables。系统默认安装并自动启动 iptables。

```
[root@localhost ~]# service iptables status
iptables: 未运行防火墙。
```

图 11-4　查询 iptables 状态

3. 启动 iptables

启动 iptables 的命令如下：

```
# service iptables start
```

4. 停止 iptables

停止 iptables 的命令如下：

```
# service iptables stop
```

启动和停止 iptables 命令执行后结果如图 11-5 所示，从提示可以看出 iptables 主要是修改规则，由 netfilter 来根据设定好的规则过滤数据。

```
[root@localhost ~]# service iptables start
iptables: 应用防火墙规则：                                    [确定]
[root@localhost ~]# service iptables stop
iptables: 将链设置为政策 ACCEPT: filter                      [确定]
iptables: 清除防火墙规则：                                    [确定]
iptables: 正在卸载模块：                                      [确定]
```

图 11-5　启动和停止 iptables

5. 重启 iptables

重启 iptables 的命令如下：

```
# service iptables restart
```

重启 iptables 命令执行后，效果如图 11-6 所示。

```
[root@localhost ~]# service iptables restart
iptables: 应用防火墙规则：                                    [确定]
```

图 11-6　重启 iptables

注意：永久性生效，重启后不会复原，设置后须重启。

1) 开启自启动设置：设定 iptables 在各等级（2～5）为 on。命令如下：

```
# chkconfig iptables on
```

2) 关闭自启动设置：设定 iptables 在所有等级都为 off，即系统启动时不再启动。命令如下：

```
# chkconfig iptables off
```

设置 iptables 自启动的开启与关闭，执行效果如图 11-7 所示。

```
[root@localhost ~]# chkconfig   iptables  off
[root@localhost ~]# chkconfig   --list | grep iptables
iptables        0:关闭 1:关闭 2:关闭 3:关闭 4:关闭 5:关闭 6:关闭
[root@localhost ~]# chkconfig   iptables  on
[root@localhost ~]# chkconfig   --list | grep iptables
iptables        0:关闭 1:关闭 2:启用 3:启用 4:启用 5:启用 6:关闭
```

图 11-7　设置 iptables 自启动

工作任务 2　架设单机防火墙

【任务描述】

在 1 台 Linux 服务器上安装和配置了 Web、FTP、DNS 等服务，需要进行安全保护。要求：放行所有来自本地环路接口的数据包；拒绝其他主机 ping 本机；仅开放本机的 Web 服务和 FTP 服务，使别人可以正常的访问；对于其他的数据包全部丢弃。

【知识准备】

1. iptables 命令说明

iptables 命令可以追加、插入或删除包过滤规则。基本语法格式如下：

iptables [–t table] command [match] [–j target/jump]

其中各参数见表 11-1，参数说明如下：

表 11-1　iptables 参数说明

	table（表）	command（操作）	chain（链）	Parameter（参数）	Target（动作）
iptables	–t filter –t nat	–A –D –L –F –P –I –R –n	INPUT FORWARD OUTPUT PREROUTING POSTROUTING	–p –s –d --sport --dport --dports –m tcp –m state –m multiport	–j ACCEPT –j DROP –j REJECT –j DNAT –j SNAT

（1）表

[–t 表名]：该规则所操作的哪个表，可以使用 filter、nat 等，如果没有指定则默认为 filter。

（2）操作

–A：新增一条规则，到该规则链列表的最后一行。

–I：插入一条规则，原本该位置上的规则会往后顺序移动，没有指定编号则为 1。

–D：从规则链中删除一条规则，要么输入完整的规则，或者指定规则编号加以删除。

–R：替换某条规则，规则替换不会改变顺序，而且必须指定编号。

–P：设置某条规则链的默认动作。

–nL：–L、–n，查看当前运行的防火墙规则列表。

（3）链

指定规则表的哪个链，如 INPUT、OUPUT、FORWARD 和 PREROUTING 等。

[规则编号]：插入、删除或替换规则时用，如 --line –numbers 显示号码。

（4）参数

[–i | o 网卡名称]：i 指定数据包从哪块网卡进入，o 指定数据包从哪块网卡输出。

［-p 协议类型］：可以指定规则应用的协议，包含 tcp、udp 和 icmp 等。

［-s 源 IP 地址］：源主机的 IP 地址或子网地址。

［--sport 源端口号］：数据包的 IP 地址的源端口号。

［-d 目标 IP 地址］：目标主机的 IP 地址或子网地址。

［--dport 目标端口号］：数据包的 IP 的目标端口号。

-m：extend matches。这个选项用于提供更多的匹配参数，例如：

-m state --state ESTABLISHED,RELATED

-m tcp --dport 22

-m multiport --dports 80,8080

-m icmp --icmp -type 8

（5）动作

［-j 动作］：处理数据包的动作，包括 ACCEPT、DROP 和 REJECT 等。

2. iptables 详细用法实例

（1）删除已有规则

在新设定 iptables 规则时，一般先确保旧规则被清除。用以下命令清除旧规则：

```
# iptables - F
```

（2）设置 chain 策略

对于 filter 表，默认的 chain 策略为 ACCEPT。可以通过以下命令修改 chain 的策略：

```
# iptables - P INPUT DROP
# iptables - P FORWARD DROP
# iptables - P OUTPUT DROP
```

以上命令配置将接收、转发和发出包均丢弃，实行比较严格的包管理。由于接收和发包均被设置为丢弃，当进一步配置其他规则的时候，需要注意针对 INPUT 和 OUTPUT 分别配置。当然，如果信任本机器往外发包，以上第三条规则可不必配置。

（3）屏蔽指定 IP 地址

有时候会发现某个 IP 地址不停地往服务器发包，这时可以使用以下命令，将指定 IP 地址发来的包丢弃：

```
# iptables - A INPUT - i eth0 - p tcp - s 192.168.2.1 - j DROP
```

以上命令设置将由 192.168.2.1 发往 eth0 端口的 TCP 包丢弃。

（4）配置服务项

利用 iptables，可以对日常用到的服务项进行安全管理，比如设定只能通过指定网段、由指定网口通过 SSH 连接本机：

```
# iptables - A INPUT - i eth0 - p tcp - s 192.168.1.0/24 -- dport 22 - m state --
state NEW, ESTABLESHED - j ACCEPT
# iptables - A OUTPUT - o eth0 - p tcp -- sport 22 - m state -- state ESTABLISHED
- j ACCEPT
```

若要支持由本机通过 SSH 连接其他机器，由于在本机端口建立连接，因而还需要设置以下规则：

```
# iptables -A INPUT -i eth0 -p tcp -s 192.168.100.0/24 --dport 22 -m state -
-state ESTABLESHED -j ACCEPT
#iptables - A OUTPUT - o eth0 - p tcp -- sport 22 - m state -- state NEW,
ESTABLESHED -j ACCEPT
```

类似地，对于 HTTP/HTTPS（80/443）、pop3（110）、rsync（873）、MySQL（3306）等基于 TCP 连接的服务，也可以参照上述命令配置。

对于基于 UDP 的 DNS 服务，使用以下命令开启端口服务：

```
# iptables -A OUTPUT -p udp -o eth0 --dport 53 -j ACCEPT
# iptables -A INPUT -p udp -i eth0 --sport 53 -j ACCEPT
```

（5）网口转发配置

对于用作防火墙或网关的服务器，一个网口连接到公网，其他网口的包转发到该网口实现内网向公网通信，假设 eth0 连接内网，eth1 连接公网，配置规则如下：

```
# iptables -A FORWARD -i eth0 -o eth1 -j ACCEPT
```

（6）端口转发配置

对于端口，也可以运用 iptables 完成转发配置：

```
# iptables -t nat -A PREROUTING -p tcp -d 192.168.102.37 --dport 422 -j DNAT
--to 192.168.102.37:22
```

以上命令将 422 端口的包转发到 22 端口，因而通过 422 端口也可进行 SSH 连接。

（7）禁 ping

```
# iptables -A INPUT -p icmp --icmp-type 8 -j REJECT --reject-with icmp-
host-unreachable
```

也可以直接 DROP 掉（常规做法），这里采用 REJECT 是反馈了所谓的"拒绝理由"。

（8）开放常规端口

```
# iptables -A INPUT -p tcp -m multiport --ports 20,21,22,25,53,80,8080,
110,443
```

需要注意的是，关于 DNS 的 53 端口，要同时开放 TCP 和 UDP 两个协议的 53 端口，否则无法解析域名。

【任务实施】

本任务中，由于只需要 iptables 保护本机上的服务安全和系统安全，所以是个典型的单机防火墙应用，只涉及默认 filter 表中的 INPUT 和 OUTPUT 链。实现单机防火墙，首先要清空所有规则，然后设置默认策略为 DROP。进入 Web 服务对应的 TCP 80 端口、FTP 对应的 TCP 21 端口数据应该放行，另外还要考虑到 DNS 服务解析域名的需要，所以进入对应 TCP 53 端口和 UDP 53 端口。不允许其他主机 ping 本机，即进入的 icmp 中的 ping 数据包应拒绝。

1. 清空所有规则

```
# iptables -F
```

说明：清空所有包过滤规则。

```
# iptables -X
```

说明：删除所有自定义规则链。

```
# iptables -Z
```

说明：计数器清零。

2. 设置 INPUT 和 OUTPUT 的默认策略

```
# iptables -P INPUT DROP
# iptables -P OUTPUT DROP
```

3. 在 INPUT 链中定义规则

```
# iptables -A INPUT -i lo -j ACCEPT
```

说明：允许进入 lo 接口的数据包。

```
# iptables -A INPUT -p tcp -m multiport --dports 21, 80 -j ACCEPT
```

说明：允许访问本机的 FTP 和 HTTP 服务。

```
# iptables -A INPUT -p tcp icmp --icmp-type ping -j REJECT
```

说明：拒绝 ping 本机。

```
# iptables -A INPUT -p tcp --dports 53 -j ACCEPT
# iptables -A INPUT -p udp --dports 53 -j ACCEPT
```

说明：允许访问 DNS 服务。

4. 在 OUTPUT 链中定义规则

```
# iptables -A OUTPUT -o lo -j ACCEPT
```

说明：允许离开 lo 接口的数据包。

```
# iptables -A OUTPUT -m state --state RELATED,ESTABLISHED -j ACCEPT
```

说明：放行所有已建立连接的数据包。

5. 将上面的 iptables 命令写入一个脚本文件

```
# vi setiptables.sh
```

内容如下：

```
! /bin/bash
iptables -F
iptables -X
iptables -Z
iptables -A INPUT -i lo -j ACCEPT
iptables -A INPUT -p tcp -m multiport --dports 21, 80 -j ACCEPT
iptables -A INPUT -p tcp icmp --icmp-type ping -j REJECT
iptables -A INPUT -p tcp --dports 53 -j ACCEPT
iptables -A INPUT -p udp --dports 53 -j ACCEPT
iptables -A OUTPUT -o lo -j ACCEPT
```

```
iptables -A OUTPUT -m state --state RELATED, ESTABLISHED -j ACCEPT
```

保存文件，然后修改其权限，最后执行该脚本文件。命令如下：

```
# chmod u + x setiptables.sh
# ls -l setiptables.sh
# ./setiptables.sh
```

使用脚本文件来编辑和保存 iptables 规则，可以进行编辑和优化，便于检查防火墙策略的正确性。

工作任务3　架设网络防火墙

【任务描述】

企业中有 200 台客户机，IP 地址范围是 192.168.1.1 到 192.168.1.200，掩码是 255.255.255.0。

Email 服务器：IP 地址为 192.168.1.254，掩码为 255.255.255.0。

FTP 服务器：IP 地址为 192.168.1.253，掩码为 255.255.255.0。

Web 服务器：IP 地址为 192.168.1.252，掩码为 255.255.255.0。

所有内网计算机需要经常访问 Internet，并且员工会使用即时通信工具与客户进行沟通，企业网络 DMZ（隔离区）搭建有 Email、FTP 和 Web 服务器，其中 Email 和 FTP 服务器对内部员工开放，仅需要发布 Web 站点，并且管理员会通过外网进行远程管理。为了保证整个网络的安全性，现在需要添加防火墙，配置相应的策略。

【知识准备】

本节继续通过 Linux 网络管理中的实例，学习 iptables 的详细用法。

［例1］假设运行 iptables 的 Linux 主机作为企业的网关防火墙，其上有两块以太网卡：eth0 连接 Internet，使用公网 IP 地址；eth1 连接企业内网，使用局域网 IP 地址，要限制内网用户访问网站 www.game.com。

实现要求使用的命令如下：

```
# iptables -A OUTPUT -o eth0 -p tcp -d www.game.com --dport 80 -j DROP
```

说明：如果这里的策略不能生效，将域名换为 FQDN，即 www.evil.com.

另外，因为域名需要进行 DNS 解析，得到结果后才向内存写入该条策略，所以在这条规则之前，必须分别在出站方向放行 UDP 的目标端口 53，在入站方向放行 UDP 的源端口 53。

［例2］网络拓扑如例1，假设企业有内部网站，并且只允许员工访问其内部站点。

实现要求使用的命令如下：

```
# iptables -A FORWARD -i eth1 -o eth0 -p tcp --dport 80 -j DROP
```

说明：eth0 和 eth1 是以太网接口；Linux 也支持其他类型的网络接口，常见的有以下几种。

ppp0：第一个 PPPoE（以太网上的点到点协议）接口。

lo：本地环回接口，即 127.0.0.1。

fddi0：第一个光纤数字用户设备接口，即光纤接口。

［例3］假设运行 iptables 的 Linux 主机作为 SSH 服务器，IP 地址为 192.168.0.1。把每个

尝试远程 SSH 登录的客户端 IP 地址记录在一个临时列表中，只要列表中的 IP 地址在一小时以内，尝试登录次数达到 3 次（包括密码输错 3 次、重复登录—退出达到 3 次以及连续登录达到 3 次，例如连开 3 个 PUTTY 登录），第 3 次登录时将被拒绝，持续一小时后才能再次登录。

实现要求使用的命令如下：

```
# iptables -I INPUT -d 192.168.0.1 -p tcp -m tcp --dport 22 -m state --state
NEW -m recent --set --name SSH
    # iptables -I INPUT 2 -d 192.168.0.1 -p tcp -m tcp --dport 22 -m state --
state NEW -m recent --update --seconds 3600 --hitcount 3 --name SSH -j DROP
    # iptables -I INPUT 3 -d 192.168.0.1 -p tcp -m tcp --dport 22 -j ACCEPT
```

说明：上面这 3 条规则必须一起使用，并且假设第一条规则将添加至 INPUT 链的第一条规则，注意“-I”参数后接的 INPUT 链规则编号，按照这里的操作输入，这 3 条规则将变成 INPUT 链的前 3 条规则，从而达到优先匹配进站的 SSH 连接请求的目的。这对于阻止暴力破解 SSH 登录口令非常有效。

[例 4] 网络管理员在运行 iptables 的 Linux 网关主机上检测到来自 B 类 IP 网段 172.16.0.0/16 的频繁扫描流量，需要设置 iptables 规则封堵该 IP 地址段的 65534 台可疑主机，两小时后解封。

实现要求使用的命令如下：

```
iptables -I INPUT -s 172.16.0.0/16 -j DROP
iptables -I FORWARD -s 172.16.0.0/16 -j DROP
at now +2 hours
iptables -D INPUT 1
iptables -D FORWARD 1
```

[例 5] 在运行 iptables 的 Linux 网关主机上，允许转发来自 C 类 IP 网段 192.168.0.0/24 中 253 台主机的 DNS 解析请求与本地 DNS 回送的 DNS 应答数据包。

实现要求使用的命令如下：

```
# iptables -A FORWARD -s 192.168.0.0/24 -p udp --dport 53 -j ACCEPT
# iptables -A FORWARD -d 192.168.0.0/24 -p udp --sport 53 -j ACCEPT
```

[例 6] 假设企业内部一台作为网关路由器的 Linux 主机上有两块网卡：eth0 的 IP 地址 10.10.10.4 连接公网；eth1 的 IP 地址 172.16.1.1 连接内网 192.168.1.0/24。要实现内网中其他计算机共用公网 IP 地址访问 Internet。

实现要求使用的命令（规则 1）如下：

```
# iptables -t nat -A POSTROUTING -s 192.168.1.0/24 -o eth0 -j SNAT --to-
source 10.10.10.4
```

说明：这是结合 nat 与 filter 表实现允许内网特定主机使用公网 IP 地址访问特定 Internet 服务。这条规则表示来自源地址（-s）范围 192.168.1.0/24 的数据包在经过路由后（POSTROUTING），从网卡 eth0 出去前（-o），将源 IP 地址转换（SNAT --to-source）为 10.10.10.4。

如果在 Linux 路由器前端还有一个使用 PPPoE 协议拨号的 ADSL/Cable Modem，那么从 ISP 分配到的公网 IP 地址通常是动态的，每隔一段时间会自动协商并且更新一次（当然现在的企业很少是这种情况），此时就需要将规则 1 修改如下：

```
# iptables –t nat –A POSTROUTING –s 172.16.1.0/24 –o eth0 –j SNAT MASQUERADE
```

这样 NetFilter 内核模块将自动使用动态公网 IP 地址进行转换。

如果 Linux 路由器的网卡 eth0 从 ISP 分配到多个静态公网 IP 地址 10.10.10.4～10.10.10.8，要实现内网计算机轮换使用这 5 个公网 IP 地址访问 Internet，则需要将规则 1 修改如下：

```
# iptables –t nat –A POSTROUTING –s 192.168.1.0/24 –o eth0 –j SNAT --to-
source 10.10.10.4 –10.10.10.8
```

在规则 1 中，仅仅实现了公网 IP 地址与内网 IP 地址的转换，假设现在内网中的 PC1（192.168.1.2）要使用路由器的公网 IP 地址访问 Internet 上的 Web（即 HTTP，TCP 80 端口）服务，则需要进一步在 iptables 的 filter 表中指定相应的规则 2 如下：

```
# iptables –t filter –A FORWARD –s 192.168.1.2/32 –i eth1 –o eth0 –p tcp –m
tcp --dport 80 –j ACCEPT
```

规则 2 表示允许转发从网卡 eth1 进入（–i eth1）、从网卡 eth0 出去（–o eth0）、源地址为 172.16.1.2、协议为 TCP（–p tcp）、目标端口为 80（--dport 80）的数据包。

在制定上述规则前需要确认 filter 表的 FORWARD 链的默认规则为 DROP，意味着默认禁止在内外网转发所有数据包，然后再像上面这样逐一去"开通"允许转发的数据包特征，这也就是让 iptables 基于白名单匹配的规则制定。

选择 FORWARD 链的原因在于，来自或去往 172.16.1.0/24 网段的数据包需要经由本路由器路由决策后"转发"。

我们知道，TCP 连接是双向的，光有上面这条转发规则还不够，因为这样只能让数据包从内网出去，而应答的数据包不能从外网进来，因此需要下面的规则 3 一起使用：

```
# iptables –t filter –A FORWARD –d 192.168.1.2/32 –i eth0 –o eth1 –p tcp –m
tcp --sport 80 –j ACCEPT
```

注意：由于反方向回来的数据包会自动通过 nat 表的 PREROUTING 链执行转换，再通过 filter 表过滤，因此 FORWARD 链在匹配时都是转换后的内网 IP 地址。下面规则写法导致 iptables 无法转发数据包：

```
# iptables –t filter –A FORWARD –d 10.10.10.4 –i eth0 –o eth1 –p tcp –m tcp
--sport 80 –j ACCEPT
```

规则 1、规则 2、规则 3 一起使用，仅实现了 192.168.1.2 这台主机使用公网 IP 地址访问 Internet 的 HTTP（80 端口）服务，要访问 HTTPS 服务（TCP 443 端口）和域名解析，还需要允许 TCP 443 和 UDP 53 端口，并且应该将域名解析的规则放在 HTTP 和 HTTPS 的规则之前，命令如下：

```
#iptables –t filter –A FORWARD –s 192.168.1.2/32 –i eth1 –o eth0 –p udp –m
udp --dport 53 –j ACCEPT
#iptables –t filter –A FORWARD –d 192.168.1.2/32 –i eth0 –o eth1 –p udp –m
udp --sport 53 –j ACCEPT
#iptables –t filter –A FORWARD –s 192.168.1.2/32 –i eth1 –o eth0 –p tcp –m
tcp --dport 80 –j ACCEPT
#iptables –t filter –A FORWARD –d 192.168.1.2/32 –i eth0 –o eth1 –p tcp –m
```

```
tcp -- sport 80 - j ACCEPT
    #iptables - t filter - A FORWARD - s 192.168.1.2/32 - i eth1 - o eth0 - p tcp - m
tcp -- dport 443 - j ACCEPT
    #iptables - t filter - A FORWARD - d 192.168.1.2/32 - i eth0 - o eth1 - p tcp - m
tcp -- sport 443 - j ACCEPT
```

这样就实现了通过 iptables 允许内网特定主机使用公网 IP 地址访问特定 Internet 服务。
现将上面的 iptables 命令写入一个脚本文件。命令如下:

```
# vi setiptables
```

内容如下:

```
! /bin/bash
iptables - t nat - A POSTROUTING - s 192.168.1.0/24 - o eth0 - j SNAT -- to -
source 10.10.10.4 - 10.10.10.8
    iptables - P FORWARD DROP
    iptables - t filter - A FORWARD - s 192.168.1.2/32 - i eth1 - o eth0 - p udp - m
udp -- dport 53 - j ACCEPT
    iptables - t filter - A FORWARD - d 192.168.1.2/32 - i eth0 - o eth1 - p udp - m
udp -- sport 53 - j ACCEPT
    iptables - t filter - A FORWARD - s 192.168.1.2/32 - i eth1 - o eth0 - p tcp - m
tcp -- dport 80 - j ACCEPT
    iptables - t filter - A FORWARD - d 192.168.1.2/32 - i eth0 - o eth1 - p tcp - m
tcp -- sport 80 - j ACCEPT
    iptables - t filter - A FORWARD - s 192.168.1.2/32 - i eth1 - o eth0 - p tcp - m
tcp -- dport 443 - j ACCEPT
    iptables - t filter - A FORWARD - d 192.168.1.2/32 - i eth0 - o eth1 - p tcp - m
tcp -- sport 443 - j ACCEPT
```

保存文件, 然后修改其权限, 最后执行该脚本文件。

```
# chmod u + x setiptables.sh
# ls - l setiptables.sh
# ./setiptables.sh
```

[例 7] 假设企业内部一台作为网关路由器的 Linux 上有 3 块网卡: eth0 的 IP 地址
10. 10. 10. 4 连接公网, 网卡 eth1 的 IP 地址 172. 16. 1. 1 连接内网 172. 16. 1. 0/24, 网卡 eth2 的
IP 地址 192. 168. 1. 1 连接内网 192. 168. 1. 0/24; 内网 192. 168. 1. 0/24 作为非军事防御区
(DMZ), 其中一台服务器 Server1 的 IP 地址为 192. 168. 1. 1, 对外提供 HTTP 和 HTTPS 服务,
另一台服务器 Server2 的 IP 地址为 192. 168. 1. 2, 对外提供传统 Email 服务, 网络拓扑如图 11-8
所示。通过 nat 表实现多个内网服务器共用一个公网 IP 地址对外提供服务。

要实现 Internet 用户能够访问 DMZ 中 Server1 上的 HTTP/HTTPS 服务, 需要在 Linux 上制定
下列 iptables 规则:

```
# iptables - t nat - A PREROUTING - i eth0 - p tcp - m tcp -- dport 80 - j DNAT --
to 192.168.1.2:80
    # iptables - t nat - A PREROUTING - i eth0 - p tcp - m tcp -- dport 443 - j DNAT --
to 192.168.1.1:443
```

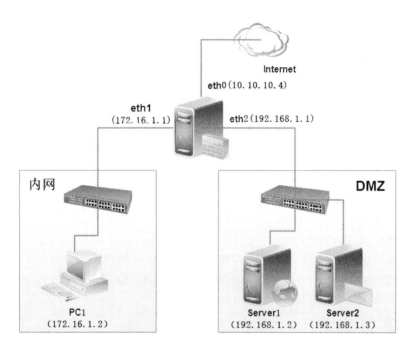

图 11-8　iptables 网络拓扑

对于 Server2 上的 Email 服务，以及使用其他应用层协议的服务，制定规则类似：

```
# iptables - t nat - A PREROUTING - i eth0 - p tcp - m tcp -- dport 25 - j DNAT
-- to 192.168.1.3:25
# iptables - t nat - A PREROUTING - i eth0 - p tcp - m tcp -- dport 110 - j DNAT
-- to 192.168.1.3:110
```

另外，如果 Server1、Server2 也需要主动访问 Internet 上的其他服务器（下载更新软件和安全补丁），还需要添加下列规则：

```
#iptables - t nat - A POSTROUTING - s 192.168.1.0/ 24 - o eth0 - j SNAT
-- to 10.10.10.4
```

[**例 8**] 制定 iptables 安全规则实现阻挡网络扫描工具 NMAP 发出的探测包。

踩点工具通常会在全端口范围内（1~65535）扫描目标的开放端口，然后尝试枚举相应服务的版本、漏洞，其原理无非是发出带有特定 TCP 标识位组合的扫描包，然后通过目标返回的响应来判断，因此可以通过 iptables 丢弃这些探测包，从而保证网关和内网主机安全，具体规则如下。

丢弃隐蔽扫描包：

```
# iptables - t filter - A INPUT - p tcp -- tcp - flags SYN,FIN SYN,FIN - j DROP
```

丢弃所有标识位都清位的扫描包（NMAP 中的 NULL 扫描）：

```
# iptables - t filter - A INPUT - p tcp -- tcp - flags ALL NONE - j DROP
```

丢弃 SYN 和 RST 都置位的扫描包：

```
# iptables - t filter - A INPUT - p tcp -- tcp - flags SYN,RST SYN,RST - j DROP
```

丢弃 FIN 和 RST 都置位的扫描包：

```
# iptables -t filter -A INPUT -p tcp --tcp-flags FIN,RST SYN,RST -j DROP
```

丢弃只有 FIN 置位，没有预期与 ACK 一起置位的扫描包（NMAP 的 XMAS 扫描之一）：

```
# iptables -t filter -A INPUT -p tcp --tcp-flags ACK,FIN FIN -j DROP
```

丢弃只有 PSH 置位，没有预期与 ACK 一起置位的扫描包（NMAP 的 XMAS 扫描之一）：

```
# iptables -t filter -A INPUT -p tcp --tcp-flags ACK,PSH PSH -j DROP
```

丢弃只有 URG 置位，没有预期与 ACK 一起置位的扫描包（NMAP 的 XMAS 扫描之一）：

```
# iptables -t filter -A INPUT -p tcp --tcp-flags ACK,URG URG -j DROP
```

【任务实施】

企业的内部网络为了保证安全性，需要首先删除所有规则设置，并将默认规则设置为 DROP，然后开启防火墙对于客户机的访问限制，打开 Web、QQ 及 Email 的相应端口，并允许外部客户端登录 Web 服务器的 80、22 端口。

1. 删除策略

```
# iptables -F
# iptables -X
# iptables -Z
# iptables -F -t nat
# iptables -X -t nat
# iptables -Z -t nat
```

2. 设置默认策略

```
# iptables -P INPUT DROP
# iptables -P OUTPUT DROP
# iptables -P OUTPUT ACCEPT
# iptables -t nat -P PREROUTING ACCEPT
# iptables -t nat -P OUTPUT ACCEPT
# iptables -t nat -P POSTROUTING ACCEPT
```

3. 回环地址

有些服务的测试需要使用回环地址，为了保证各服务的正常工作，需要允许回环地址的通信，命令如下：

```
# iptables -A INPUT -i lo -j ACCEPT
```

4. 连接状态设置

为了简化防火墙的配置操作，并提高检查的效率，需要添加链接状态设置，命令如下：

```
# iptables -A INPUT -m state --state ESTABLISHED,RELATED -j ACCEPT
```

5. 设置 80 端口转发

```
# iptables -A FORWARD -p tcp --dport 80 -j ACCEPT
```

6. DNS 相关设置

为了客户机能够正常使用域名访问 Internet，还需要允许内网计算机与外部 DNS 服务器的数据转发。开启 DNS 使用的 UDP、TCP 53 端口，命令如下：

```
# iptables -A FORWARD -p udp --dport 53 -j ACCEPT
# iptables -A FORWARD -p tcp --dport 53 -j ACCEPT
```

7. 允许访问服务器的 SSH

```
# iptables -A INPUT -p tcp --dport 22 -j ACCEPT
```

8. 允许内网主机登录 QQ

QQ 能够使用 TCP 80、8000、443 及 UDP 8000、4000 登录。因此，只需要允许这些端口的 FORWARD 转发（拒绝则相反），即可以正常登录。命令如下：

```
# iptables -A FORWARD -p tcp --dport 80 -j ACCEPT
# iptables -A FORWARD -p tcp --dport 8000 -j ACCEPT
# iptables -A FORWARD -p tcp --dport 443 -j ACCEPT
# iptables -A FORWARD -p udp --dport 8000 -j ACCEPT
# iptables -A FORWARD -p udp --dport 4000 -j ACCEPT
```

9. 允许内网主机收发邮件

客户端发送邮件时访问邮件服务器的 TCP 25 端口，接收有件事访问可能使用的端口则较多，UDP 以及 TCP 的端口：110、143、993 以及 995。命令如下：

```
# iptables -A FORWARD -p tcp --dport 25 -j ACCEPT
# iptables -A FORWARD -p tcp --dport 110 -j ACCEPT
# iptables -A FORWARD -p udp --dport 110 -j ACCEPT
# iptables -A FORWARD -p tcp --dport 143 -j ACCEPT
# iptables -A FORWARD -p udp --dport 143 -j ACCEPT
# iptables -A FORWARD -p tcp --dport 993 -j ACCEPT
# iptables -A FORWARD -p udp --dport 993 -j ACCEPT
# iptables -A FORWARD -p tcp --dport 995 -j ACCEPT
# iptables -A FORWARD -p udp --dport 995 -j ACCEPT
```

10. NAT 设置

由于局域网的地址为私有地址，在公网上是不合法的，所以必须将私有地址转换为服务器的外部地址进行伪装，连接外部端口为 ppp0，具体配置如下：

```
# iptables -t nat -A POSTROUTING -o ppp0 -s 192.168.1.0/24 -j MASQUERADE
```

11. 内部机器对外发布 Web

内网 Web 服务器 IP 地址为 192.168.1.252，通过设置，当公网客户端访问服务器时，防火墙将请求映射到内网的 192.168.1.252 的 80 端口，具体设置如下：

```
# iptables -A PREROUTING -i ppp0 -p tcp --dport 80 -j DNAT --to-destination
192.168.1.252:80
```

12. 将上面的 iptables 命令写入一个脚本文件

```
# vi setiptables.sh
```

内容如下：

```
!/bin/bash
iptables -F
iptables -X
iptables -Z
iptables -F -t nat
iptables -X -t nat
iptables -Z -t nat
iptables -P INPUT DROP
iptables -P OUTPUT DROP
iptables -P OUTPUT ACCEPT
iptables -t nat -P PREROUTING ACCEPT
iptables -t nat -P OUTPUT ACCEPT
iptables -t nat -P POSTROUTING ACCEPT
iptables -A INPUT -i lo -j ACCEPT
iptables -A INPUT -m state --state ESTABLISHED,RELATED -j ACCEPT
iptables -A FORWARD -p tcp --dport 80 -j ACCEPT
iptables -A FORWARD -p udp --dport 53 -j ACCEPT
iptables -A FORWARD -p tcp --dport 53 -j ACCEPT
iptables -A INPUT -p tcp --dport 22 -j ACCEPT
iptables -A FORWARD -p tcp --dport 80 -j ACCEPT
iptables -A FORWARD -p tcp --dport 8000 -j ACCEPT
iptables -A FORWARD -p tcp --dport 443 -j ACCEPT
iptables -A FORWARD -p udp --dport 8000 -j ACCEPT
iptables -A FORWARD -p udp --dport 4000 -j ACCEPT
iptables -A FORWARD -p tcp --dport 25 -j ACCEPT
iptables -A FORWARD -p tcp --dport 110 -j ACCEPT
iptables -A FORWARD -p udp --dport 110 -j ACCEPT
iptables -A FORWARD -p tcp --dport 143 -j ACCEPT
iptables -A FORWARD -p udp --dport 143 -j ACCEPT
iptables -A FORWARD -p tcp --dport 993 -j ACCEPT
iptables -A FORWARD -p udp --dport 993 -j ACCEPT
iptables -A FORWARD -p tcp --dport 995 -j ACCEPT
iptables -A FORWARD -p udp --dport 995 -j ACCEPT
iptables -t nat -A POSTROUTING -o ppp0 -s 192.168.1.0/24 -j MASQUERADE
iptables -A PREROUTING -I ppp0 -p tcp -dport 80 -j DNAT --to-destination
192.168.1.252:80
```

保存文件，然后修改其权限，最后执行该脚本文件。

```
# chmod u+x setiptables.sh
# ls -l setiptables.sh
# ./setiptables.sh
```

单元实训

【实训目标】

配置防火墙。要求：

1）管理防火墙。

2）配置防火墙对单机保护。

3）配置防火墙对内网保护。

【实训场景】

公司的局域网内有 FTP 和 Web 两台服务器和多台客户端。局域网与外网之间是通过安装有 CentOS 的防火墙相连，防火墙有两块网卡。对于防火墙有如下要求：

1）局域网中的所有机器都可以通过防火墙连接 Internet。

2）Internet 网上的某台客户机 PC2 通过防火墙使用远程桌面连接局域网中的特定客户机 PC1。

3）通过防火墙向 Internet 发布局域网内的 Web 服务器。

4）通过防火墙向 Internet 发布局域网内的 FTP 服务器。

5）通过防火墙限制局域网中的特定客户机 PC1 使用 QQ 客户端。

6）Internet 上的客户机 PC2 与防火墙是可以 ping 通的。

【实训环境】

完成本次任务需要开 4 个 Linux 系统虚拟机，分别作为 FTP 服务器、Web 服务器、防火墙、客户机，其中防火墙需要两块网卡（eth0 和 eth1），宿主 Windows 系统虚拟级模拟外网的一台客户机。

各台计算机网卡的连接方式和 IP 地址如下。

FTP 服务器的 eth0：VMnet1-（Host-only），192. 168. 1. 3/24。

Web 服务器的 eth0：VMnet1-（Host-only），192. 168. 1. 2/24。

防火墙的 eth0：VMnet1-（Host-only），192. 168. 1. 254/24。

防火墙的 eth1：Bridged，10. 10. 0. 254/24。

客户机 PC1 的 eth0：VMnet1-（Host-only），192. 168. 1. 5/24。

宿主 Windows 的物理网卡（模拟为 PC2）：10. 10. 0. 5/24。

【实训步骤】

1）配置所有计算机的网卡。

2）安装和配置 FTP、Web 服务器。

3）设置好防火墙规则。

4）重启防火墙并测试。

单元 12　Linux 服务器安全

学习目标 @

1) 了解服务器系统安全的主要内容。
2) 理解 Linux 系统的安全机制。
3) 掌握 Linux 系统本身的安全策略。
4) 掌握 Linux 服务器的系统加固措施。

情境设置 @

【情境描述】

网络管理员小明最近发现公司的内网不时会接入一些来历不明的计算机,可能会给公司网络带来安全隐患,于是他想使用一些强制安全策略对服务器加以严格保护,提高服务器的安全性。

【问题提出】

1) 防火墙可以防范内网中的主机攻击服务器吗?
2) 系统进行默认安装和配置会安全吗?
3) 安全技术可以解决所有安全问题吗?

工作任务 @

工作任务 1　系统本身的安全设置

【任务描述】

公司新购进一台服务器,需要首先安装 Linux 系统后再安装和配置所需的服务。需要从系统的安装开始考虑安全措施,在系统启动和用户登录时注意一些安全问题,并在系统投入正式使用前做好系统更新。

【知识准备】

随着 Internet/Intranet 的日益普及,采用 Linux 网络操作系统作为服务器的用户也越来越多,这一方面是因为 Linux 是开放源代码的免费正版软件,另一方面也是因为相比于 Microsoft 的 Windows 网络操作系统,Linux 系统具有更好的稳定性、高效性和安全性。但系统默认的一些参数都是比较保守的,所以可以通过调整系统参数来提高系统内存、CPU、内核资源的占用,通过禁用不必要的服务、端口,提高系统的安全性,更好地发挥系统的可用性。

1. 系统的选择和安装

选择 Linux 服务器系统时最重要的一项因素是，管理人员是否拥有娴熟的 Linux 使用经验，以及系统是否有企业技术支持和丰富且不断更新的网上资源，这会影响到系统日常维护时的工作量和难度。

RHEL 与其他 Linux 版本相比，所提供的服务类型非常全面，包括企业支持、专业认证、硬件认证以及通过 RedHat 网络实现自动化在线更新，让管理人员后顾无忧。

CentOS 作为 RHEL 的免费编译版，也提供了大量免费的在线支持资源。

RHEL 是付费操作系统，可以免费使用，但要使用 RHEL 的软件源并且想得到技术支持的话，是需要收费的，即免费使用、服务收费。而 CentOS 是 RedHat 的开源版本，从某种意义上说，CentOS 几乎可以完完全全看成是 RHEL，这两个版本的 rpm 包都是可以通用的。

选择好 Linux 的发行版后，要安装适合服务器硬件安装的最新稳定版本。安装时注意只安装那些真正需要的软件，尽量最小化安装，待安装完系统后再根据需要安装软件，这样既可以减少安全隐患，也可以安装到最新版本的应用软件。

2. 启动和登录安全性

Linux 的启动其实和 Windows 的启动过程很类似，不过 Windows 是无法看到启动信息的，而 Linux 启动时会看到许多启动信息，如某个服务是否启动。

Linux 系统的启动过程大体上可分为 5 部分：内核的引导、运行 init、系统初始化、建立终端以及用户登录系统。

（1）BIOS 安全

设置 BIOS 密码且修改引导次序禁止从硬盘以外的介质启动系统。

（2）用户密码安全

用户密码是 Linux 安全的一个基本起点，很多人使用的用户密码过于简单，这等于给侵入者敞开了大门。虽然从理论上说，只要有足够的时间和资源可以利用，就没有不能破解的用户密码，但选取得当的密码是难于破解的。较好的用户密码是那些只有用户自己容易记得并理解的一串字符，并且绝对不要在任何地方写出来。

出于安全考虑，Linux 系统中键入的密码是不会回显在屏幕上的。下面是一些不安全的密码的例子。

1）把单词 password 作为密码。

2）把自己或他人的姓名或注册名作为密码。

3）把公司名、部门名或组名作为密码。

4）把生日作为密码。

5）把密码写在日历上或计算机旁边。

6）使用某个字典里的单词或常用词语作为密码。

一个好的密码应该是至少 8 个字母长，其中包含了大小写字母、数字，并且应该经常修改。系统管理员应该通过配置文件来设定密码的安全策略，确保所有系统用户都使用上安全设置的密码。

（3）禁用默认账号和组

应该禁止所有默认的被操作系统本身启动的并且不必要的账号，当用户第一次安装系统时就应该这么做。Linux 提供了很多默认账号，而账号越多，系统就越容易受到攻击。

（4）密码文件

chattr 命令给与用户和组有关的 passwd、shadow、group、gshadow 文件加上不可更改属性，从而防止非授权用户获得权限。如果再要添加删除用户，需要先取消上面的设置，等用户添加删除完成之后，再执行上面的操作。

（5）禁止"Ctrl + Alt + Delete"组合键重新启动机器

（6）限制普通用户使用 su 命令

（7）删减登录提示信息

默认情况下，登录提示信息包括 Linux 发行版、内核版本名和服务器主机名等。对于一台安全性要求较高的机器来说，这样会泄漏了过多的信息。

3．禁用 IPv6

IPv6 是为了解决 IPv4 地址耗尽的问题，但服务器一般用不到它，反而禁用 IPv6 不仅仅会加快网络传输速率，还会有助于减少管理开销和提高安全级别。

4．保持系统和软件更新

Linux 作为一种优秀的开源软件，其稳定性、安全性和可用性有极为可靠的保证，世界上的 Linux 高手共同维护着个优秀的产品，因而流通渠道很多，而且经常有更新的程序和系统补丁出现。因此，为了加强系统安全，一定要经常更新系统。

Kernel 是 Linux 操作系统的核心，它常驻内存，用于加载操作系统的其他部分，并实现操作系统的基本功能。由于 Kernel 控制计算机和网络的各种功能，因此，它的安全性对整个系统安全至关重要。一般说来，内核版本号为偶数的相对稳定，而为奇数的则一般为测试版本。在设定 Kernel 的功能时，只选择必要的功能，千万不要所有功能照单全收，否则会使 Kernel 变得很大，既占用系统资源，也给黑客留下可乘之机。

在 Internet 上常常有最新的安全修补程序，Linux 系统管理员应该消息灵通，经常光顾安全新闻组，查阅新的修补程序。

【任务实施】

1．删掉或禁用无用的默认账号和用户组

注意：不建议直接删除，当需要某个用户时，自己重新添加会很麻烦。命令如下：

```
# cp /etc/passwd /etc/passwdbak
```

说明：修改之前要先备份。

```
# vi /etc/passwd
```

在文件/etc/passwd 中修改以下行，编辑用户，在前面加上"#"注释掉此行：

```
#adm:x:3:4:adm:/var/adm:/sbin/nologin
#lp:x:4:7:lp:/var/spool/lpd:/sbin/nologin
#sync:x:5:0:sync:/sbin:/bin/sync
#shutdown:x:6:0:shutdown:/sbin:/sbin/shutdown
#halt:x:7:0:halt:/sbin:/sbin/halt
#uucp:x:10:14:uucp:/var/spool/uucp:/sbin/nologin
#operator:x:11:0:operator:/root:/sbin/nologin
#games:x:12:100:games:/usr/games:/sbin/nologin
#gopher:x:13:30:gopher:/var/gopher:/sbin/nologin
```

```
#ftp:x:14:50:FTP User:/var/ftp:/sbin/nologin
# cp /etc/group /etc/groupbak
```

说明：修改之前先备份。

```
# vi /etc/group
```

在文件/etc/passwd 中修改以下行，编辑用户组，在前面加上"#"注释掉此行：

```
#adm:x:4:root,adm,daemon
#lp:x:7:daemon,lp
#uucp:x:14:uucp
#games:x:20:
#dip:x:40:
```

2. 给用户和组相关的 4 个文件加上不可更改属性

```
# chattr +i /etc/passwd
# chattr +i /etc/shadow
# chattr +i /etc/group
# chattr +i /etc/gshadow
```

现在对/etc/passwd 尝试进行修改后保存，出现提示无法写入文件，如图 12-1 所示。

```
vcsa:x:69:69:virtual console memory owner:/dev:/sbin/nologin
rpc:x:32:32:Rpcbind Daemon:/var/cache/rpcbind:/sbin/nologin
rtkit:x:499:497:RealtimeKit:/proc:/sbin/nologin
hsqldb:x:96:96::/var/lib/hsqldb:/sbin/nologin
abrt:x:173:173::/etc/abrt:/sbin/nologin
@
"/etc/passwd"
"/etc/passwd" E212: Can't open file for writing
Press ENTER or type command to continue
```

图 12-1　文件加上不可更改属性后测试

使用 useradd 命令增加用户，也提示无法打开文件，操作失败，如图 12-2 所示。

```
[root@localhost ~]# useradd test
useradd: cannot open /etc/passwd
```

图 12-2　增加用户操作失败

　　以上测试说明对这些文件设置加上不可更改属性，可以有效提高账户的安全性。如果系统管理员需要再对用户账户操作，只需要去掉不可更改属性，更改保存后再加上不可更改属性。下面以/etc/passwd 为例进行去掉不可更改属性操作：

```
# chattr -i /etc/passwd
```

3. 禁止 "Ctrl + Alt + Delete" 组合键重新启动机器命令

（1）在 RHEL 5. X 和 CentOS 5. X 下

```
# cp /etc/inittab /etc/inittabbak
# vi /etc/inittab
```

在文件/etc/inittab 中修改，在前面加上"#"注释掉此行。命令如下：

```
#ca::ctrlaltdel:/sbin/shutdown -t3 -r now
# chmod -R 700 /etc/rc.d/init.d/*
```

这样便仅有 root 可以读、写或执行上述所有脚本文件。

（2）在 RHEL6. X 和 CentOS 6. X 下

```
# cp -v /etc/init/control -alt-delete.conf /etc/init/control -alt -delete.bak
```

把"exec /sbin/shutdown"这一行用下方配置代替，这个配置会在每次按下"Ctrl + Alt + Delete"组合键时输出日志：

```
exec /usr/bin/logger -p authpriv.notice -t init "Ctrl -Alt -Del was pressed
and ignored"
```

4. 限制普通用户使用 su 命令

```
# vi /etc/pam.d/su
```

在/etc/pam. d/su 文件中修改，对下面的行取消注释：

```
# auth required /lib/security/pam_wheel.so use_uid
```

更改为：

```
auth required /lib/security/pam_wheel.so use_uid
```

这样只有管理组 wheel 中的用户可以使用 su 命令。此后，如果需要用户 admin 能够 su 为 root，可以运行如下命令：

```
# usermod -G wheel admin
```

注意：没有在管理组 wheel 中的用户使用 su 命令，输入正确 root 密码也会提示错误为 "su：密码不正确"。

5. 删减登录信息

默认情况下，登录提示信息包括 Linux 发行版、内核版本名和服务器主机名等，这就泄漏了过多的信息给潜在的攻击者。命令如下：

```
# vi /etc/rc.d/rc.local
```

在文件/etc/rc. d/rc. local 中修改，将输出系统信息的如下行注释掉。命令如下：

```
# This will overwrite /etc/issue at every boot. So, make any changes you
# want to make to /etc/issue here or you will lose them when you reboot.
# echo \" \" > /etc/issue
# echo \" $R \" > > /etc/issue
# echo \"Kernel $(uname -r) on $a $(uname -m) \" > > /etc/issue
# cp -f /etc/issue /etc/issue.net
# echo > > /etc/issue
```

然后，进行如下操作，将/etc/issue 和/etc/issue. net 文件删除后创建同名空文件：

```
# rm -f /etc/issue
```

```
# rm -f /etc/issue.net
# touch /etc/issue
# touch /etc/issue.net
```

6. 禁止加载 IPv6 模块

1) 让系统不加载 IPv6 相关模块。命令如下：

```
# vi /etc/modprobe.d/ipv6off.conf
```

在文件 ipv6off. conf 中添加一行：

```
alias net -pf -10 offoptions ipv6 disable =1
```

2) 禁用基于 IPv6 的网络，使之不会被触发启动。命令如下：

```
# vi /etc/sysconfig/network
```

在文件 network 中修改一行：

```
NETWORKING_IPV6 = no
```

3) 禁用网卡 IPv6 设置，使之仅在 IPv4 模式下运行。命令如下：

```
# vi /etc/sysconfig/network -scripts/ifcfg -eth0
```

在文件 ifcfg-eth0 中做如下修改：

```
IPV6 INIT = no
IPV6_ AUTOCONF = no
```

4) 关闭 ip6tables。命令如下：

```
# chkconfig ip6tables off
```

5) 重启系统，验证是否生效。命令如下：

```
# lsmod |grep ipv6# ifconfig |grep -i inet6
```

如果没有任何输出就说明 IPv6 模块已被禁用，否则被启用。

7. 使用 yum update 更新系统时不升级内核，只更新软件包

由于系统与硬件的兼容性问题，有可能升级内核后导致服务器不能正常启动，这是非常可怕的，没有特别的需要，建议不要随意升级内核。

```
# cp /etc/yum.conf /etc/yum.conf.bak
# vi /etc/yum.conf
```

在 yum 的配置文件/etc/yum. conf 中修改，在 [main] 的最后添加一句：

```
exclude = kernel *
# yum -- exclude = kernel * update
```

查看系统版本和内核版本，命令如下：

```
# cat /etc/issue
```

执行结果如图 12-3 所示。

```
[root@localhost ~]# cat  /etc/issue
CentOS release 6.5 (Final)
Kernel \r on an \m
```

图 12-3　查看 Linux 系统版本

```
# uname – a
```

执行结果如图 12-4 所示。

```
[root@localhost ~]# uname -a
Linux localhost.localdomain 2.6.32-431.el6.i686 #1 SMP Fri Nov 22 00:26:36 UTC 2013 i686 i686 i386 GNU/Linux
```

图 12-4　查看 Linux 内核版本

工作任务2　系统管理的安全设置

【任务描述】

Linux 网络操作系统是一个成熟、安全的系统，提供了许多安全机制，但还需要将默认的配置进一步优化，提高系统的安全性和稳定性。

【知识准备】

Linux 网络操作系统提供了用户账号、文件系统权限和系统日志文件等基本安全机制，如果这些安全机制配置不当，就会使系统存在一定的安全隐患。因此，网络系统管理员必须小心地设置这些安全机制。

1. Linux 系统的用户账号

在 Linux 系统中，用户账号是用户的身份标志，它由用户名和密码组成。系统将输入的用户名存放在/etc/passwd 文件中，而将输入的密码以加密的形式存放在/etc/shadow 文件中。在正常情况下，这些密码和其他信息由操作系统保护，能够对其进行访问的只能是 root 用户。但是如果配置不当的情况下，这些信息可以被普通用户得到。进而，不怀好意的用户通过"密码破解"工具去得到加密前的密码。

Linux 服务器上的用户账号越少越好，如果非要添加具有 root 权限的用户，建议在/etc/sudoer 里添加，这样避免大家都用 root 用户在服务器上工作，另外一个作用是规范责任界限。

设定登录密码是一项非常重要的安全措施，如果用户的密码设定不合适，就很容易被破译，尤其是拥有超级用户使用权限的用户，如果没有良好的密码，将给系统造成很大的安全漏洞。

目前密码破解程序大多采用字典攻击以及暴力攻击手段，而其中用户密码设定不当，则极易受到字典攻击的威胁。很多用户喜欢用自己的英文名、生日或者账户等信息来设定密码，这样，黑客可能通过字典攻击或者是社会工程的手段来破解密码。所以建议用户在设定密码的过程中，应尽量使用非字典中出现的组合字符，并且采用数字与字符相结合、大小写相结合的密码设置方式，增加黑客的破解难度。而且，也可以使用定期修改密码、使密码定期作废的系统安全管理策略，来保护自己的登录密码。

2. 合理利用 Linux 的日志文件

Linux 系统中的日志子系统对于系统安全来说非常重要，它记录了系统每天发生的各种各样的事情，包括那些用户曾经或者正在使用的系统，可以通过日志来检查错误发生的原因，更重要的是在系统受到黑客攻击后，日志可以记录下攻击者留下的痕迹。通过查看这些痕迹，系统管理员可以发现黑客攻击的某些手段以及特点，从而能够进行处理工作，为抵御下一次攻击做好准备。

系统管理员应该提高警惕，随时注意各种可疑状况，并且按时和随机地检查各种系统日志文件，包括一般信息日志、网络连接日志、文件传输日志以及用户登录日志等。

在检查这些日志时，要注意是否有不合常理的事件发生。例如：用户在非常规的时间登录；不正常的日志记录，比如日志的残缺不全或者是诸如 wtmp 这样的日志文件无故地缺少了中间的记录文件；用户登录系统的 IP 地址和以往的不一样；用户登录失败的日志记录，尤其是那些一再连续尝试进入失败的日志记录；非法使用或不正当使用超级用户权限 su 的指令；无故或者非法重新启动各项网络服务的记录。

但是日志并不是完全可靠的。高明的黑客在入侵系统后，经常会清除痕迹，对日志进行修改甚至清除。所以需要综合运用以上的系统命令，全面、综合地进行审查和检测，切忌断章取义，否则很难发现入侵或者做出错误的判断。

作为一个系统管理员要充分用好以下几个日志文件：

1）/var/log/lastlog 文件。记录最后进入系统的用户的信息，包括登录的时间、登录是否成功等信息。这样用户登录后只要用 lastlog 命令查看一下 /var/log/lastlog 文件中记录的所用账号的最后登录时间，再与自己的用机记录对比一下就可以发现该账号是否被黑客盗用。

2）/var/log/secure 文件。记录系统自开通以来所有用户的登录时间和地点，可以给系统管理员提供更多的参考。

3）/var/log/wtmp 文件。记录当前和历史上登录到系统的用户的登录时间、地点和注销时间等信息。可以用 last 命令查看，若想清除系统登录信息，只需删除这个文件，系统会生成新的登录信息。

【任务实施】

1. 删除或禁用系统中不使用的用户和用户组

对于系统中不再使用的用户，直接通过 userdel 命令进行删除。在确保这个用户的主目录中的文件都没有保存必要的情况下，使用 userdel -r 命令，将其主目录也一并删除。命令如下：

```
# userdel wang
# userdel -r wang
```

如果有段时间不使用或有嫌疑的用户，使用 passwd -l 命令锁定。将来如果用户还要使用，再用 passwd -u 命令取消锁定。命令如下：

```
#  passwd -l wang
#  passwd -u wang
```

2. 将程序或服务账号的登录 Shell 设置为 nologin（不能登录系统）

```
#  usermod -s /sbin/nologin ftp
```

3. 限制用户的口令设置

```
#  vi /etc/login.defs
```

在/etc/login. defs 文件中修改与口令限制有关的 4 行，这些口令限制只是对新添加用户有效。

```
PASS_ MAX_ DAYS 30          #密码最长使用天数
PASS_ MIN_ DAYS 10          #密码最短使用天数
PASS_ MIN_ LEN 9            #最小密码长度 9
PASS_ WARN_ AGE 3           #密码到期提前提醒天数
```

4. 指定用户下次登录时必须更改密码

```
#  chage - d 0 test
```

执行后，test 用户再登录时就提示必须修改密码，如图 12-5 所示。

```
You are required to change your password immediately (root enforced)
Last login: Wed Aug 31 19:52:24 2016 from 192.168.44.1
WARNING: Your password has expired.
You must change your password now and login again!
Changing password for user test.
Changing password for test.
 (current) UNIX password:
```

图 12-5　用户被强制修改密码

5. 限制记录命令历史的条数

```
# vi /etc/profile
```

在 /etc/profile 文件中修改 HISTSIZE 的值。命令如下：

```
HISTSIZE = 30
```

执行下面一条命令，在账户注销时自动清除命令历史：

```
# echo "history - c " > > ~ /.bash_ logout
```

6. 设置闲置超时自动注销终端

```
# vi /etc/profile
```

在文件中加入一行：

```
export TMOUT = 600
```

7. 检查日志子系统

1）确认 syslog 是否启用。命令如下：

```
# ps - aef | grep syslog
```

执行后，显示如图 12-6 所示消息说明已经启动 syslog 服务。

```
[root@localhost ~]# ps  -aef | grep syslog
root      1742     1  0 16:31 ?        00:00:00 /sbin/rsyslogd -i /var/run/syslogd.pid -c 5
root      3502  3476  0 21:02 pts/2    00:00:00 grep syslog
```

图 12-6　查到 syslog 服务已启用

2）查看 syslogd 的配置。命令如下：

```
# cat /etc/rsyslog.conf
```

3）确认日志文件是否存在。命令如下：

```
# ls /var/log/
```

系统日志（默认）：/var/log/messages。

cron 日志（默认）：/var/log/cron。

安全日志（默认）：/var/log/secure。

4）查看日志文件内容。命令如下：

```
# lastlog
```

命令执行后，可以查看最后进入系统的用户的信息，从而发现最近异常的登录账户，如图 12-7 所示。

```
[root@localhost etc]# lastlog
用户名            端口      来自              最后登陆时间
root             pts/2    192.168.44.1     三  8月 31 21:01:15 +0800 2016
bin                                         **从未登录过**
daemon                                      **从未登录过**
mail                                        **从未登录过**
nobody                                      **从未登录过**
dbus                                        **从未登录过**
usbmuxd                                     **从未登录过**
oprofile                                    **从未登录过**
vcsa                                        **从未登录过**
rpc                                         **从未登录过**
rtkit                                       **从未登录过**
hsqldb                                      **从未登录过**
abrt                                        **从未登录过**
avahi-autoipd                               **从未登录过**
apache                                      **从未登录过**
rpcuser                                     **从未登录过**
nfsnobody                                   **从未登录过**
```

图 12-7　lastlog 查看登录记录

```
# tail /var/log/secure
```

命令执行后，显示最后 10 条包含验证和授权方面信息。从图 12-8 中可以看出两个问题：第 1 个问题是 test 账户在短短 1 分钟内输错 3 次口令，有攻击的嫌疑；第 2 个问题是 root 用户在晚上也远程 SSH 登录过，需要注意。

```
[root@localhost etc]# tail  /var/log/secure
Aug 31 19:53:50 localhost unix_chkpwd[3227]: password check failed for user (test)
Aug 31 19:53:50 localhost sshd[3225]: pam_unix(sshd:auth): authentication failure; logname= uid=0 euid=0 tty=ssh ruser= ①
host=192.168.44.1  user=test
Aug 31 19:53:52 localhost sshd[3225]: Failed password for test from 192.168.44.1 port 11400 ssh2
Aug 31 19:53:59 localhost unix_chkpwd[3229]: password check failed for user (test)
Aug 31 19:54:02 localhost sshd[3225]: Failed password for test from 192.168.44.1 port 11400 ssh2
Aug 31 19:54:08 localhost sshd[3225]: pam_unix(sshd:account): expired password for user test (root enforced)
Aug 31 19:54:08 localhost sshd[3225]: Accepted password for test from 192.168.44.1 port 11400 ssh2
Aug 31 19:54:09 localhost sshd[3225]: pam_unix(sshd:session): session opened for user test by (uid=0)
Aug 31 21:01:15 localhost sshd[3472]: Accepted password for root from 192.168.44.1 port 11866 ssh2      ②
Aug 31 21:01:15 localhost sshd[3472]: pam_unix(sshd:session): session opened for user root by (uid=0)
```

图 12-8　查看最近 10 条验证和授权信息

```
# last
```

该命令可以显示用户最近登录信息，如图 12-9 所示。

```
[root@localhost etc]# last
root     pts/2       192.168.44.1    Wed Aug 31 21:01    still logged in
test     pts/1       192.168.44.1    Wed Aug 31 19:54    still logged in
test     pts/1       192.168.44.1    Wed Aug 31 19:52 - 19:53  (00:01)
root     pts/0       192.168.44.1    Wed Aug 31 18:11    still logged in
test     pts/1       192.168.44.1    Wed Aug 31 18:10 - 18:11  (00:00)
test     pts/1       192.168.44.1    Wed Aug 31 15:56 - 18:09  (02:13)
root     pts/0       192.168.44.1    Wed Aug 31 15:55 - 18:10  (02:15)
reboot   system boot 2.6.32-431.el6.i Wed Aug 31 15:54 - 21:34  (05:39)
test     pts/1       192.168.44.1    Wed Aug 31 15:22 - down   (00:30)
test     pts/1       192.168.44.1    Wed Aug 31 15:21 - 15:22  (00:00)
test     pts/1       192.168.44.1    Wed Aug 31 15:18 - 15:19  (00:00)
root     pts/0       192.168.44.1    Wed Aug 31 14:42 - down   (01:11)
root     pts/0       192.168.44.1    Tue Aug 30 20:38 - 11:09  (14:31)
```

图 12-9　last 命令

5）检测是否有网络入侵示例。命令如下：

```
# more /var/log/secure | grep refused
```

该命令对/var/log/secure 查找有被拒绝（Refuse）的记录，并分页显示。这些记录对应的事件是攻击行为的可能性最大。

工作任务 3　服务管理的安全设置

【任务描述】

在系统安全得到保证的前提下，各个运行的服务也会出现各种问题，所以需要对服务进行安全加固，减少运行的服务，对运行的服务和远程管理都要采取相应的措施，提高运行服务的安全性。

【知识准备】

早期的 UNIX 版本中，每一个不同的网络服务都有一个服务程序在后台运行，后来的版本用统一的/etc/inetd 服务器程序担此重任。inetd 是 Internet Daemon 的缩写，它同时监视多个网络端口，一旦接收到外界传来的连接信息，就执行相应的 TCP 或 UDP 网络服务。

由于受 inetd 的统一指挥，因此 Linux 中的大部分 TCP 或 UDP 服务都是在/etc/inetd. conf 文件中设定。所以取消不必要服务的第一步就是检查/etc/inetd. conf 文件，在不要的服务前加上"#"。

一般来说，除了 HTTP、SMTP、Telnet 和 FTP 之外，其他服务都应该取消，诸如 TFTP（简单文件传输协议）、网络邮件存储及接收所用的 IMAP/IPOP、寻找和搜索资料用的 Gopher 以及用于时间同步的 Daytime 和 Time 等。

还有一些报告系统状态的服务，如 Finger、Efinger、Systat 和 Netstat 等，虽然对系统查错和寻找用户非常有用，但也给黑客提供了方便之门。例如，黑客可以利用 Finger 服务查找用户的电话、使用目录以及其他重要信息。因此，很多 Linux 系统将这些服务全部取消或部分取消，以增强系统的安全性。

inetd 除了利用/etc/inetd. conf 设置系统服务项之外，还利用/etc/services 文件查找各项服务所使用的端口。因此，用户必须仔细检查该文件中各端口的设定，以免有安全上的漏洞。

在 Linux 中有两种不同的服务形态：一种是仅在有需要时才执行的服务，如 Finger 服务；另一种是一直在执行的永不停顿的服务。这类服务在系统启动时就开始执行，因此不能靠修改 inetd 来停止其服务，而只能从修改/etc/rc. d/rc[n]. d/文件去修改它。提供文件服务的 NFS 服务器和提供 NNTP 新闻服务的 news 都属于这类服务，如果没有必要，最好取消这些服务。

具体取消哪些服务不能一概而论，需要根据实际的应用需求来定，但是系统管理员需要做到心中有数，因为一旦系统出现安全问题，才能做到有步骤、有条不紊地进行查漏和补救工作。

【任务实施】

1. 查看服务的状态

```
# chkconfig --list
```

说明：可以查询到本机所有服务在每个运行级别上的运行状态。

```
# chkconfig -list httpd
```

说明：可以查询 HTTP 服务在每个运行级别上的运行状态。

```
# chkconfig -list |grep httpd
```

说明：查询包含"httpd"字符串的服务的在每个运行级别上的运行状态。

```
# service --status-all
```

说明：查询当前本机所有服务的运行状态，相当于将每个服务都用 service status 命令都查询一遍，如图 12-10 所示。

```
[root@localhost etc]# service --status-all
abrt-ccpp hook is installed
abrtd (pid  2176) 正在运行...
abrt-dump-oops 已停
acpid (pid  1921) 正在运行...
atd (pid  2206) 正在运行...
auditd (pid  1717) 正在运行...
automount (pid  2005) 正在运行...
用法：/etc/init.d/bluetooth {start|stop}
certmonger (pid  2218) 正在运行...
cpuspeed 已停
crond (pid  2184) 正在运行...
cupsd (pid  1865) 正在运行...
dnsmasq 已停
dovecot 已停
firstboot is not scheduled to run
hald (pid  1938) 正在运行...
```

图 12-10　查询所有服务当前状态

2. 手工启停服务

```
# service httpd start
# service httpd restart
# service httpd stop
```

3. 统计服务数量和查看运行服务

要想在停用不使用的服务前后统计正在运行的进程数量，可以使用如下命令：

```
# ps aux | wc -l
```

查看正在运行的服务，命令如下：

```
# netstat -an --ip
```

4. 关闭系统不使用的服务

以下是要执行的命令及说明，可以将命令编辑成脚本文件保存，再执行。因为有些服务已运行，所以设置完后需重启。

```
# chkconfig --level 345 apmd off
```

说明：一些便携式计算机和旧的硬件使用，需要关闭。

```
# chkconfig --level 345 netfs off
```

说明：该服务用于在系统启动时自动挂载网络中的共享文件空间，如 NFS、Samba 等。需要关闭。

```
# chkconfig --level 345 yppasswdd off
```

说明：NIS 口令服务器守护进程，此服务漏洞很多。需要关闭。

```
# chkconfig --level 345 ypserv off
```

说明：NIS 主服务器守护进程，此服务漏洞很多。需要关闭。

```
# chkconfig --level 345 dhcpd off
```

说明：DHCP 服务。如不需要，应关闭。

```
# chkconfig --level 345 portmap off
```

说明：该服务是 NFS（文件共享）和 NIS（验证）的补充。除非需要使用 NFS 或 NIS 服务，否则应关闭。

```
# chkconfig --level 345 lpd off
```

说明：打印服务。如不需要，应关闭。

```
# chkconfig --level 345 nfs off
```

说明：NFS 服务器，漏洞极多。需要关闭。

```
# chkconfig --level 345 sendmail off
```

说明：邮件服务，漏洞极多。如不需要，应关闭。

```
# chkconfig --level 345 snmpd off
```

说明：本地简单网络管理守护进程，远程用户能从中获得许多系统信息。需要关闭。

```
# chkconfig --level 345 rstatd off
```

说明：一个为 LAN 上的其他机器收集和提供系统信息的守候进程。远程用户可以从中获取很多信息，很危险。需要关闭。

```
# chkconfig -- level 345 atd off
```

说明：和 Cron 很相似的定时运行程序的服务。需要关闭。

```
# chkconfig cups off
```

说明：打印服务。如不需要，应关闭。

```
# chkconfig bluetooth off
```

说明：提供蓝牙支持的服务。需要关闭。

```
# chkconfig hidd off
```

说明：提供蓝牙支持的相关服务。需要关闭。

```
# chkconfig ip6tables off
```

说明：该服务是用于 IPv6 的软件防火墙。需要关闭。

```
# chkconfig ipsec off
```

说明：用于 VPN 连接。如不需要，应关闭。

```
# chkconfig auditd off
```

说明：审核子系统可以被系统管理员用来监测系统调用和那些符合 CAPP 或其他审核要求的文件系统访问。如不需要，应关闭。

```
# chkconfig autofs off
```

说明：该服务自动挂载可移动存储器（比如 USB 硬盘）。需要关闭。

```
# chkconfig avahi - daemon off
# chkconfig avahi - dnsconfd off
```

说明：Avahi 是 Zeroconf 协议的实现。它可以在没有 DNS 服务的局域网里发现基于 Zeroconf 协议的设备和服务。

```
# chkconfig cpuspeed off
```

说明：该服务可以在运行时动态调节 CPU 的频率来节约能源（省电），在服务器系统中这个进程建议关闭。

```
# chkconfig isdn off
```

说明：ISDN 是一种互联网的接入方式。需要关闭。

```
# chkconfig kudzu off
```

说明：该服务进行硬件探测，并进行配置。可以关闭，仅仅在需要时启动。

```
# chkconfig nfslock off
```

说明：NFS 文档锁定功能。如不需要，应关闭。

```
# chkconfig nscd off
```

说明：负责密码和组的查询。需要关闭。

```
# chkconfig pcscd off
```

说明：智能卡支持。需要关闭。

```
# chkconfig yum - updatesd off
```

说明：rpm 操作系统自动升级和软件包管理守护进程。需要关闭。

```
# chkconfig acpid off
```

说明：高级电源管理。需要关闭。

```
# chkconfig firstboot off
```

说明：用于第一启动相关的设置。需要关闭。

```
# chkconfig mcstrans off
```

说明：用于 SELinux。如不需要，应关闭。

```
# chkconfig microcode_ctl off
```

说明：可编码以及发送新的微代码到内核以更新 Intel IA32 系列处理器守护进程。需要关闭。

```
# chkconfig rpcgssd off
```

说明：用于 NFSv4。除非需要或使用 NFSv4，否则关闭。

```
# chkconfig rpcidmapd off
```

说明：同样用于 NFSv4。除非需要或使用 NFSv4，否则关闭。

```
# chkconfig setroubleshoot off
```

说明：该程序提供信息给 Setroubleshoot Browser，如果用 SELinux 可以打开它。

```
# chkconfig xfs off
```

说明：X Window 字型服务器守护进程，为本地和远程 X 服务器提供字型集。需要关闭。

```
# chkconfig xinetd off
```

说明：一个特殊的服务，可以根据特定端口收到的请求启动多个服务。需要关闭。

```
# chkconfig messagebus off
```

说明：IPC 进程间通信服务，一个重要的服务。如不需要，应关闭。

```
# chkconfig gpm off
```

说明：终端鼠标指针支持（无图形界面）。需要关闭。

```
# chkconfig restorecond off
```

说明：用于给 SELinux 监测和重新加载正确的文件上下文。如不需要，应关闭。

```
# chkconfig haldaemon off
```

说明：HAL。如不需要，应关闭。

```
# chkconfig sysstat off
```

说明：Sysstat 是一个软件包，包含监测系统性能及效率的一组工具。如不需要，应关闭。

```
# chkconfig readahead_early off
```

说明：优化程序的启动速度用的。如不需要，应关闭。

```
# chkconfig anacron off
```

说明：和 cron 很相似的定时运行程序的服务。需要关闭。

5．网络访问控制

（1）使用 SSH 进行远程管理

查看 SSH 服务的状态，命令如下：

```
# ps -aef | grep sshd
```

使用命令开启 SSH 服务，命令如下：

```
# service sshd start
```

（2）限制能够管理服务器的 IP 地址

修改前先备份，命令如下：

```
# cp -p /etc/ssh/sshd_config /etc/ssh/sshd_config_bak
```

对 sshd_ config 文件进行修改，命令如下：

```
# vi /etc/ssh/sshd_config
```

在文件中添加以下语句：

```
AllowUsers *@192.168.*.*
```

说明：仅允许 192.168.0.0/16 网段所有用户通过 SSH 访问。

保存后重启 SSH 服务，命令如下：

```
# service sshd restart
```

（3）禁止 root 用户远程登录，用普通账号登录后使用 su 命令

修改前先备份，命令如下：

```
# cp -p /etc/ssh/sshd_config /etc/ssh/sshd_config_bak
```

对 sshd_ config 文件进行修改，命令如下：

```
# vi /etc/ssh/sshd_config
PermitRootLogin no
```

保存后重启 SSH 服务，命令如下：

```
# service sshd restart
```

（4）限定信任主机

查看受信任的主机，命令如下：

```
#cat /etc/hosts.equiv
#cat /$HOME/.rhosts
```

修改前先备份着两个文件，命令如下：

```
#cp -p /etc/hosts.equiv /etc/hosts.equiv_bak
#cp -p /$HOME/.rhosts /$HOME/.rhosts_bak
```

修改两个文件，删除掉其中不必要的主机，命令如下：

```
#vi /etc/hosts.equiv
#vi /$HOME/.rhosts
```

（5）屏蔽登录 banner 信息

修改前备份配置和 banner 信息文件，命令如下：

```
#cp -p /etc/ssh/sshd_config /etc/ssh/sshd_config_bak
#cp -p /etc/motd /etc/motd_bak
```

打开配置和 banner 信息文件并修改，命令如下：

```
#vi /etc/ssh/sshd_config
banner NONE
#vi /etc/motd
```

删除文件中的全部内容或更新成想要添加的内容。

（6）更改 SSH 端口

修改前备份配置文件，命令如下：

```
#cp -p /etc/ssh/sshd_config /etc/ssh/sshd_config_bak
```

修改配置文件中的 PORT 改为 1000 以上端口，命令如下：

```
# vi /etc/ssh/sshd_config
Port 10002
```

6. 服务器禁止 ping

修改配置文件前先备份，/etc/rc.d/rc.local 是开机自启动文件，相当于 Windows 中的 autorun.bat 文件。命令如下：

```
# cp /etc/rc.d/rc.local  /etc/rc.d/rc.localbak
# vi /etc/rc.d/rc.local
```

在文件末尾增加以下内容，则每次系统启动都会将 icmp_ echo_ ignore_ all 中的数值置为 1，达到系统运行时自动忽略其他主机的 ping。

```
echo 1 > /proc/sys/net/ipv4/icmp_echo_ignore_all
```

7. 设置 iptables

启用 Linux 防火墙来禁止非法程序访问。使用 iptables 的规则来过滤入站、出站和转发的包。可以针对来源和目的地址进行特定 UDP/TCP 端口的准许和拒绝访问。

关于防火墙的设置规则请参考单元 11 中的 iptables 设置实例。

单元实训

【实训目标】

服务器安全加固。要求：

1）安全管理 Linux 系统。

2）安全管理各种服务。

【实训场景】

公司原有 1 台 Linux 服务器，上面运行有 Web 服务、FTP 服务、DHCP 服务、DNS 服务以及防火墙等，运行效率有些低，并且经常出问题，可能已经受到过攻击。现在公司又购入 1 台服务器，准备安装最新的 Linux 系统，并把 DHCP 和 DNS 服务转移到新服务器上。

作为系统管理员，需要完成如下工作：

1）新服务器安装上 Linux 系统，做好规划，确保系统底层的安全。

2）将 DHCP 和 DNS 服务安装到新服务器上，做好系统和服务安全管理。

3）对于旧服务器要进行整理，把系统账号进行梳理，对不用的服务要关闭。

4）将新服务器置于旧服务器的防火墙保护之下。

【实训环境】

完成本次任务需要开两台 Linux 系统虚拟机，1 台需要全新安装，要进行服务安全设置，另外 1 台正在运行的服务器系统需要清理和加固。

【实训步骤】

1）安装和初始安全配置服务器。

2）对原有服务器进行清理和加固。

3）规划和设计防火墙。

参考文献

[1] 鸟哥. 鸟哥的 Linux 私房菜——基础学习篇 [M]. 3 版. 北京：人民邮电出版社，2010.

[2] 鸟哥. 鸟哥的 Linux 私房菜——服务器架设篇 [M]. 3 版. 北京：机械工业出版社，2012.

[3] 易著梁，邓志龙，于小川，等. Linux 网络技术实用教程 [M]. 北京：科学出版社，2009.

[4] 张迎春，戴伟成，胡国胜. Linux 服务与安全管理 [M]. 2 版. 北京：电子工业出版社，2014.

[5] 孟庆昌，路旭强，等. Linux 基础教程 [M]. 2 版. 北京：清华大学出版社，2016.